2014 黄河河情咨询报告

黄河水利科学研究院

黄河水利出版社

· 郑 州 ·

图书在版编目(CIP)数据

2014黄河河情咨询报告/黄河水利科学研究院编著.
郑州:黄河水利出版社,2021.1
ISBN 978-7-5509-2911-1

Ⅰ.①2… Ⅱ.①黄… Ⅲ.①黄河-含沙水流-泥沙
运动-影响-河道演变-研究报告-2014 Ⅳ.①TV152

中国版本图书馆 CIP 数据核字(2021)第 022507 号

组稿编辑:王路平 电话:0371-66022212 E-mail:hhslwlp@126.com

出 版 社:黄河水利出版社 网址:www.yrcp.com
　　　地址:河南省郑州市顺河路黄委会综合楼14层 邮政编码:450003
发行单位:黄河水利出版社
　　　发行部电话:0371-66026940、66020550、66028024、66022620(传真)
　　　E-mail:hhslcbs@126.com
承印单位:河南新华印刷集团有限公司
开本:787 mm×1 092 mm　1/16
印张:14.75
字数:340 千字　　　　　　　　　　　印数:1—1 000
版次:2021 年 1 月第 1 版　　　　　　印次:2021 年 1 月第 1 次印刷

定价:80.00 元

《2014 黄河河情咨询报告》编委会

主 任 委 员：时明立

副主任委员：高 航

委　　　员：刘红宾　姜乃迁　江恩惠　姚文艺

　　　　　　张俊华　李 勇　史学建

《2014 黄河河情咨询报告》编写组

主　　编：时明立

副 主 编：姚文艺　李 勇

编写人员：尚红霞　李小平　王 婷　孙赞盈　郭秀吉

　　　　　　窦身堂　张晓华　彭 红　张 敏　田世民

　　　　　　郑艳爽　张明武

技术顾问：潘贤娣　赵业安　刘月兰　王德昌　张胜利

2014 咨询专题设置及负责人

序号	专题名称	负责人
1	2014 年黄河河情变化特点	尚红霞
2	汛前调水调沙模式及异重流排沙水位研究	李小平

前　言

　　1986 年以来尤其是自 2000 年以来,黄河上中游产水产沙环境发生了显著改变,水量明显减少,沙量减少更甚。来水来沙条件的显著改变尤其是洪水过程的大幅度减少,导致黄河河道冲淤演变特点发生了明显改变,同时,致使小浪底水库进出库水沙条件与设计阶段相比业已存在较大差异,因此了解变化环境下河床演变规律,科学优化水库调度方案,成为水沙变化条件下迫切需要研究的课题。在往年黄河河情跟踪分析的基础上,本年度重点开展了新的水沙条件下小浪底水库汛前调水调沙和汛期调水调沙模式及优化研究,同时对宁蒙河道泥沙输移规律、黑山峡河段开发对宁蒙河道减淤作用等关键问题开展了研究。

　　(1)系统分析了 2014 运用年黄河流域降雨、水沙特性、洪水特征及重要水库的调蓄情况,以及三门峡水库库区(包括小北干流)、小浪底水库库区、黄河下游等重点河段河床演变特点及排洪能力变化。通过对黄河河龙区间(指河口镇至龙门区间,下同)汛期实测降雨、水沙关系的分析,初步阐明了近年来水沙情势的趋势性变化。

　　(2)提出了新形势下的汛前调水调沙模式,即不带清水大流量过程的以人工塑造异重流为核心的汛前调水调沙模式,与不定期开展带有清水大流量过程的人工塑造异重流的汛前调水调沙相结合的模式。另外,综合考虑下游供水保证率和异重流排沙比的需求,结合 2015 年汛前库区三角洲顶点高程 222.7 m 的具体情况,提出的调水调沙异重流排沙对接水位为 220~216 m,其中 220 m、218 m、216 m 相应的供水保证率分别为 92%、87% 和 81%,相应排沙比分别为 57%、63% 和 73%。

　　(3)2007—2014 年小浪底水库年均排沙比相对较低,仅 28.9%,细沙排沙比仅 42.3%,淤积物中细泥沙淤积总量较大,占 41.9%。这种运用方式加速了水库拦沙库容的淤损速度,降低了水库的拦沙效益,缩短了水库拦沙年限。同时,汛期入库沙量占年沙量的 79.4%,而汛期排沙比仅 17.2%;汛期主要排沙时段 7 月 11 日至 8 月 20 日的来沙量占汛期的 49.4%,而排沙比仅 33.6%,因此应尽量提高 7 月 11 日至 8 月 20 日水库的排沙效果。近期 7 月 11 日至 8 月 20 日来水来沙条件及边界条件很难达到现有的水库排沙运用条件,结合近期水沙情况及洪水期调度效果,建议当潼关水文站流量 $Q \geqslant 1\,500$ m^3/s 持续 2 d,且 $S \geqslant 50$ kg/m^3 时,小浪底水库开始进行调水调沙,塑造有利于下游输沙塑槽的洪水过程,提高水库排沙效果。

　　(4)黑山峡河段开发功能定位和开发方案争议时间较长,水库减缓河道淤积的作用大小是争议的焦点之一。黑山峡河段开发对宁蒙河道的减淤十分重要,一是通过黑山峡河段的开发恢复大流量过程,减少来沙主体细泥沙的淤积量,减少淤积强度高的特粗泥沙的淤积量,冲刷孔兑淤堵后的淤积物;二是调节因龙刘水库(指龙羊峡水库、刘家峡水库,下同)兴利需要形成的平水过程,减少"上冲下淤"对防洪防凌关键河段"三湖河口—头道拐"的淤积作用;三是水库可拦截20%以上的特粗泥沙,可控制70%以上的细泥沙,充分发挥细泥沙"多来多排"的优势,高效减淤。

本报告主要由时明立、姚文艺、李勇、尚红霞、李小平、王婷、孙赞盈、郭秀吉、窦身堂、张晓华、彭红、张敏、田世民、郑艳爽、张明武等完成,其他人员不再一一列出,敬请谅解。

姚文艺负责报告审修和统稿。

工作中得到了潘贤娣、赵业安、刘月兰、王德昌和张胜利等专家的指导和帮助,黄河水利委员会有关部门和专家也给予了大力支持和指导,在此一并表示感谢!另外,文中参考了大量文献,由于诸多原因,对文中参考文献未能一一标明,敬请未被列出的参考文献的作者给予谅解,同时在此表示衷心感谢!

黄河水利出版社为本书出版付出了辛苦劳动,对文中错误给予了纠正,对此表示十分感谢,同时对编辑人员的认真、细致的工作作风表示由衷敬佩。

黄河水利科学研究院
黄河河情咨询项目组
2018 年 10 月

目　录

前　言

第一部分　综合咨询报告

第一章　黄河河情变化特点 ………………………………………………………………（3）
第二章　2015 年及近期汛前调水调沙模式研究 ………………………………………（67）
第三章　近期小浪底水库主汛期运用方式优化研究 …………………………………（95）
第四章　黑山峡河段开发功能定位论证中有关河道冲淤及泥沙输移特性探讨 …（114）

第二部分　专题研究报告

第一专题　2014 年黄河河情变化特点 ………………………………………………（137）
　　第一章　黄河流域降雨及水沙特点 ……………………………………………（138）
　　第二章　主要水库调蓄对干流水沙量影响 ……………………………………（148）
　　第三章　三门峡水库库区冲淤及潼关高程变化 ………………………………（161）
　　第四章　小浪底水库库区冲淤特点 ……………………………………………（167）
　　第五章　黄河下游河道冲淤特点 ………………………………………………（180）
　　第六章　近两年宁蒙河道冲淤特点 ……………………………………………（194）
　　第七章　认识与建议 ……………………………………………………………（196）
第二专题　汛前调水调沙模式及异重流排沙水位研究 ……………………………（198）
　　第一章　汛前调水调沙作用分析 ………………………………………………（199）
　　第二章　汛前调水调沙下游河道冲淤规律 ……………………………………（204）
　　第三章　汛前调水调沙对艾山—利津河段冲淤影响 …………………………（210）
　　第四章　汛前调水调沙模式研究 ………………………………………………（218）
　　第五章　认识与建议 ……………………………………………………………（226）
参考文献 …………………………………………………………………………………（228）

第一部分　综合咨询报告

第一章 黄河河情变化特点

一、黄河流域降雨及水沙情势

(一)汛期流域降雨时空特点

1. 中游降雨特点

根据 2014 年黄河水情报汛资料统计,7—10 月汛期黄河流域降雨量 344 mm,较多年(1956—2000 年,下同)同期均值偏多 21%。降雨量空间分布不均,兰州以上基本持平,泾渭河(指泾河、渭河)、黄河下游、大汶河偏少,其他区间均不同程度偏多,特别是兰托区间(兰州—托克托,下同)、汾河、龙门—三门峡干流(简称龙三干流,下同)、三小区间(三门峡—小浪底,下同)偏多 20% 以上(见图 1-1)。

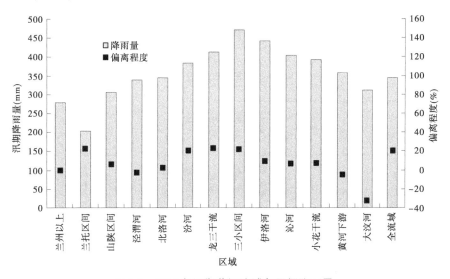

图 1-1 2014 年汛期黄河流域各区间降雨量

汛期最大降雨发生在黄河下游的支流伊洛河张坪雨量站,降雨量为 871.8 mm(见表 1-1)。

2. 汛期降雨分布

6 月全流域降雨量 58 mm,较多年同期偏多 9%,其中兰州以上、兰托区间和山陕区间(山西—陕西,下同)分别偏多 23%、74% 和 17%,其他区域不同程度偏少。

前汛期(指 7 月、8 月)全流域降雨量 173 mm,占汛期降雨量的 50% 多,较多年同期偏少 10%。后汛期(指 9 月、10 月)全流域降雨量 171 mm,较多年同期偏多 83%,特别是 9 月流域降雨量达到 151.5 mm,各区域不同程度偏多(见图 1-2),特别是汾河、龙门以下干流及伊洛河、沁河等区间,偏多程度超过 100%,其中三小区间降雨量达到 236.5 mm,偏多程度达到 203%。

表 1-1　2014 年黄河流域区间降雨量

区域	6月				汛期各月降雨量（mm）				汛期			
	降雨量（mm）	距平（%）	最大降雨 降雨量（mm）	最大降雨 降雨地点	7月	8月	9月	10月	降雨量（mm）	距平（%）	最大降雨 降雨量（mm）	最大降雨 降雨地点
兰州以上	86.5	23	185.8	桥头（五）	82.4	78.0	82.2	36.1	278.7	-1	477.5	门堂
兰托区间	47.1	74	89.5	店上村	61.1	67.8	50.4	24.0	203.3	22	290.6	图格日格
山陕区间	60.3	17	138.8	枣园	105.7	82.9	102.1	15.4	306.1	6	534.0	黑家堡
泾渭河	67.6	5	143.0	燕子	51.8	89.1	173.0	24.7	338.6	-3	620.6	涝峪口
北洛河	52.7	-10	131.0	荔原堡	76.3	96.4	159.1	12.3	344.1	2	429.2	大白镇
汾河	59.8	-1	100.6	义棠	77.8	140.9	156.7	8.3	383.7	20	547.4	新绛
龙三干流	48.6	-21	103.8	临晋	58.4	137.4	200.2	16.5	412.5	23	695.2	龙门
三小区间	54.8	-13	104.4	野猪岭	73.0	146.0	236.5	15.1	470.6	22	675.5	下川
伊洛河	40.2	-45	152.4	沙河街	46.7	124.7	244.8	24.8	441.0	10	871.8	张坪
沁河	53.6	-23	121.6	南岭底	81.2	133.6	182.0	7.0	403.9	7	555.6	西冶
小花干流	35.2	-42	75.4	高山	44.5	126.9	209.8	11.4	392.6	7	611.2	杨柏
黄河下游	41.9	-36	116.6	艾山	120.5	66.6	163.2	6.9	357.2	-5	423.6	夹河滩
大汶河	67.8	-21	135.0	黄前	112.8	79.8	108.5	9.7	310.8	-33	518.0	临汶
全流域	58.0	9	185.8	桥头（五）	75.7	97.3	151.5	19.2	343.7	21	871.8	张坪

注：计算距平均值时段为 1956—2000 年。

· 4 ·

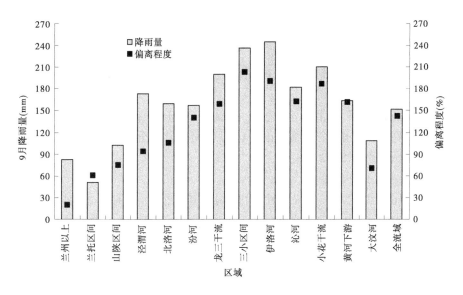

图 1-2　2014 年 9 月黄河流域各区间降雨量

3.典型降雨过程

2014 年汛期黄河流域发生 6 次明显降雨过程,其中 4 次发生在 9 月。

1)7 月 8—9 日降雨过程

7 月 8—9 日黄河流域上中游有一次明显的降雨过程,降雨区主要分布在黄河中游山陕区间及泾渭洛河、汾河等地区。

7 月 8 日黄河上游大部地区降小到中雨,个别雨量站大到暴雨;山陕区间、泾渭洛河部分地区降中到大雨,局部暴雨到大暴雨,山陕区间大村雨量站日雨量 119 mm;汾河大部地区降中到大雨。9 日黄河上游部分地区降小雨;山陕区间、泾渭洛河大部地区降小到中雨,局部大雨到暴雨;汾河大部地区降中到大雨,部分雨量站降暴雨;三花区间大部地区降小到中雨,部分雨量站降大雨。

2)8 月 5—7 日降雨过程

8 月 5—7 日黄河流域降雨主要分布在兰州以上、黄河中游及下游大汶河。

8 月 5 日兰州以上大部地区降小到中雨,个别雨量站大到暴雨;山陕南部、汾河、龙三干流大部地区降中到大雨,局部暴雨到大暴雨,龙门站区域日雨量 183 mm;泾渭洛河、三花区间大部地区降小到中雨,局部大到暴雨;黄河下游大汶河部分地区降中到大雨,局部暴雨到大暴雨,临汾日雨量 107 mm。6 日山陕南部、北洛河、汾河大部地区降中到大雨,个别站暴雨;泾渭河大部地区降小到中雨;三花区间大部地区降小到中雨,局部大雨;大汶河大部地区降小到中雨,部分雨量站降大到暴雨。

3)9 月 7—9 日降雨过程

9 月 7—9 日发生区域性降雨,雨带呈东—西向,主要分布在黄河上游唐乃亥以上地区、渭河中下游和伊洛河中上游等黄河流域南部地区。

9 月 7 日唐乃亥以上普降小到中雨,个别雨量站大雨;渭河中游、伊洛河上游普降中雨。8日唐乃亥以上大部地区降小雨;泾渭河中下游、龙三干游、伊洛河中上游普降大雨,局部暴雨。9日渭河中下游普降中雨。

4)9月10—11日降雨过程

9月10—11日发生流域性降雨,降雨较大区域分布在黄河中游山陕区间南部、汾河中下游、泾渭洛河和三花区间。

9月10日山陕南部、泾渭洛汾河、龙三干流、三花干流、伊洛河大部地区降中到大雨;沁河大部地区降小到中雨,个别站大雨。11日黄河中游部分地区降中到大雨,局部暴雨,汾河新绛雨量站日雨量86.2 mm。

5)9月13—16日降雨过程

9月13—16日又发生一次流域性降雨,雨带基本呈东—西向,主要降雨区分布在黄河上游兰州以上地区、山陕区间南部、汾河、泾渭洛河、三花区间以及黄河下游,自西向东降雨量逐步递增。

9月13日兰州以上大部地区降小到中雨;泾渭洛河、龙三干流大部地区降小到中雨,局部大雨;三花区间大部地区降小到中雨,伊洛河局部降中到大雨。14日上游兰州以上、中游潼关以上大部地区降小到中雨,局部大雨;三花区间、黄河下游干流大部地区降中到大雨,局部暴雨。15日兰州以上、大汶河大部、山陕区间部分地区降小到中雨;龙门—潼关区间、黄河下游大部地区降小到中雨,局部大雨;三花区间大部地区降中到大雨,局部暴雨。9月16日兰州以上大部地区降小到中雨;山陕区间、泾渭洛河、汾河、黄河下游大部地区降中到大雨;龙三干流大部地区降小到中雨,个别站大雨;三花区间部分降中到大雨。

6)9月20—23日降雨过程

9月20—23日为区域性降雨,雨带呈东北—西南向,主要雨区分布在潼关以上黄河上中游地区。

9月20日兰州以上部分地区降小到中雨;黄河中游局部降小雨。21日兰州以上大部、泾渭洛河部分地区降小到中雨;兰托、山陕、三小区间局部地区降小雨。22日兰州以上大部、山陕区间、泾渭洛河部分地区降小到中雨,局部大雨;兰托区间部分地区降小到中雨;汾河大部降小雨。23日山陕区间、泾渭洛汾河大部降小到中雨;龙三干流部分地区和其余各分区个别雨量站降小雨。

(二)流域水沙特点

1.流域水沙量仍然偏少

2014年干流主要控制水文站唐乃亥、头道拐、龙门、潼关、花园口和利津年水量分别为192.92亿m³、175.42亿m³、195.88亿m³、233.18亿m³、224.42亿m³和110.95亿m³(见表1-2),与多年平均相比,不同程度偏少(见图1-3),其中头道拐、潼关和花园口分别偏少21%、35%和43%。

华县(渭河)、河津(汾河)、洑头(北洛河)、黑石关(伊洛河)、武陟(沁河)等支流控制水文站的来水量分别为47.91亿m³、7.49亿m³、4.50亿m³、10.42亿m³、3.40亿m³,与多年平均相比,偏少30%~60%。

表 1-2 2014 年黄河流域主要控制站水沙量

水文站	全年		汛期		汛期占年(%)	
	水量 (亿 m³)	沙量 (亿 t)	水量 (亿 m³)	沙量 (亿 t)	水量	沙量
唐乃亥	192.92	0.067	118.47	0.053	61	79
兰州	301.49	0.110	135.42	0.082	45	74
头道拐	175.42	0.405	84.23	0.312	48	77
吴堡	190.59	0.199	90.00	0.180	47	90
龙门	195.88	0.379	87.86	0.311	45	82
三门峡入库	255.78	0.710	116.58	0.61	46	86
潼关	233.18	0.742	113.37	0.497	49	67
三门峡	229.59	1.390	111.71	1.390	49	100
小浪底	218.46	0.269	60.54	0.269	28	100
进入下游	232.28	0.269	70.32	0.269	30	100
花园口	224.42	0.323	72.69	0.203	32	63
夹河滩	215.31	0.388	68.89	0.214	32	55
高村	200.07	0.517	64.94	0.247	32	48
孙口	191.39	0.486	62.60	0.242	33	50
艾山	174.39	0.546	59.35	0.291	34	53
泺口	142.66	0.419	51.94	0.264	36	63
利津	110.95	0.298	43.96	0.234	40	78
华县	47.91	0.223	22.26	0.193	46	86
河津	7.49	0.094	3.83	0.094	51	100
湫头	4.50	0.013	2.63	0.013	58	100
黑石关	10.42	0.002	7.05	0.002	68	100
武陟	3.40	0.002	2.74	0.002	81	100

注:三门峡入库为龙门+华县+河津+湫头,进入下游为小浪底+黑石关+武陟。

干流主要控制水文站头道拐、龙门、潼关、花园口和利津的年沙量分别为 0.405 亿 t、0.379 亿 t、0.742 亿 t、0.323 亿 t 和 0.298 亿 t(见表 1-2),均较多年平均值偏少 60%以上(见图 1-4),其中龙门和潼关年沙量为有实测资料以来的最小值(见图 1-5)。支流渭河华县年沙量为 0.223 亿 t,为有实测资料以来的最小值(见图 1-5)。

年沙量偏少幅度大于年径流量,汛期水沙量偏少幅度均大于年水沙量。干流汛期水量占年比例沿程减少,支流(渭河)、河津(汾河)、湫头(北洛河)均不足 60%。

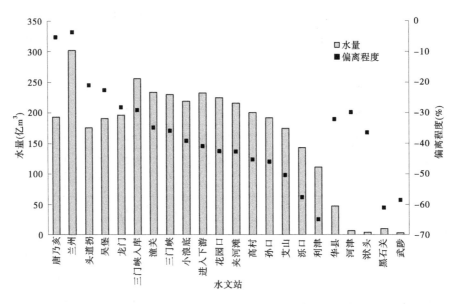

图 1-3 2014 年干支流主要水文站实测水量

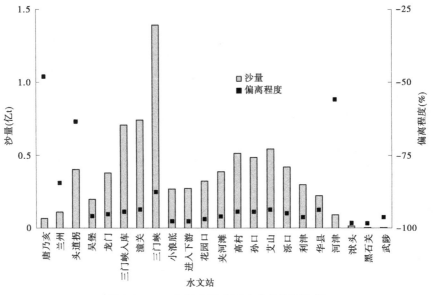

图 1-4 2014 年干支流主要水文站实测沙量

2.秋汛期洪水多

2014 年主要水文站全年最大流量除头道拐出现在桃汛期外,其余基本出现在汛期 7 月和 9 月(见图 1-6)。潼关 9 月 18 日最大洪峰流量 3 570 m^3/s,花园口 7 月 2 日最大流量 3 990 m^3/s。

后汛期受降雨影响,黄河河源区、中游渭河、下游伊洛河和沁河均出现明显的洪水过程,但洪峰流量均不大,干支流没有出现编号洪水,干流唐乃亥水文站最大洪峰流量 2 300 m^3/s,渭河华县水文站最大洪峰流量仅 1 590 m^3/s,伊洛河黑石关水文站最大洪峰流量

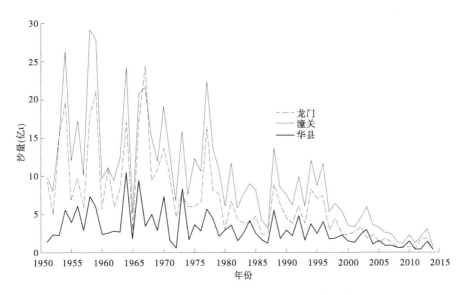

图 1-5 龙门站、潼关站和华县站历年实测沙量过程

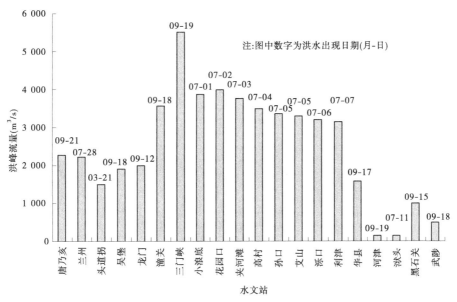

注:图中数字为洪水出现日期(月-日)

图 1-6 2014 年主要水文站最大流量

1 000 m³/s。花园口水文站在小浪底水库汛前调水调沙出现 3 990 m³/s 洪水。

1)上游洪水

自 9 月 11 日起黄河河源区各主要水文站流量缓慢上涨,唐乃亥 1 500 m³/s 以上流量持续时间为 9 月 16 日至 10 月 3 日,洪水总量 40.33 亿 m³。唐乃亥洪峰流量 2 300 m³/s (9 月 20 日 19.4 时),经过龙羊峡水库调蓄,出库水文站贵德仅 1 090 m³/s(见图 1-7),削峰率 52%。

2)渭河洪水

渭河后汛期出现了连续小洪水过程,华县分别于 9 月 10 日 14 时、13 日 8 时 30 分和

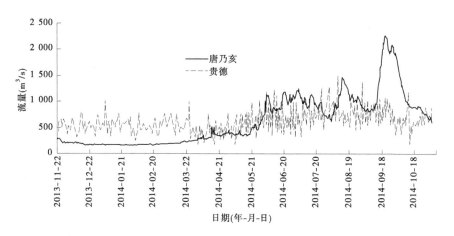

图 1-7　上游洪水过程

17 日 20 时出现洪峰为 650 m^3/s、910 m^3/s、1 590 m^3/s 的洪水过程(见图 1-8),与干流龙门洪水汇合后,在潼关站出现最大洪峰流量 3 570 m^3/s。三门峡水库利用该洪水排沙,出库最大流量 5 510 m^3/s,最大含沙量 116 kg/m^3,小浪底水库全部拦蓄。

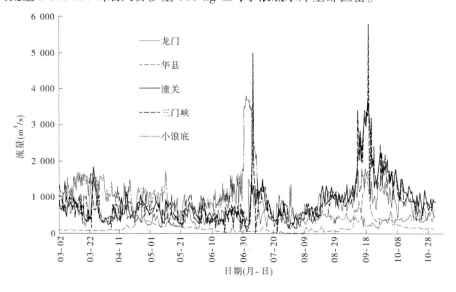

图 1-8　2014 年渭河洪水

3)花园口洪水

2014 年花园口有两场洪水(见图 1-9),分别出现在小浪底水库汛前调水调沙期和后汛期期间。第一场洪水洪峰流量为 3 990 m^3/s,主要为小浪底水库泄水;第二场洪水洪峰流量为 1 130 m^3/s,主要为支流伊洛河和沁河洪水,两支流的洪峰流量分别为 1 000 m^3/s 和 493 m^3/s。

(三)汛期山陕区间降雨及径流泥沙

河口镇—龙门区间(1998 年以后为河曲—龙门,1998 年以前为河口镇—龙门,沙量区间

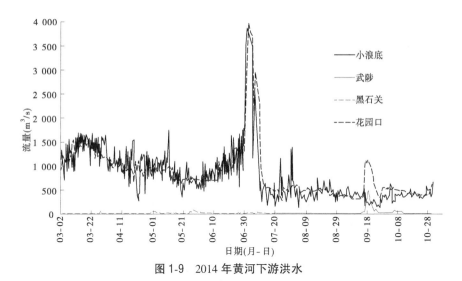

图 1-9　2014 年黄河下游洪水

相同)汛期降雨量 306.1 mm,实测径流量 5.00 亿 m³,实测输沙量 0.194 亿 t,与多年(1956—2000 年)平均相比,降雨偏多 6%,实测来水量偏少 82%,实测来沙量为历史最小值。

1969 年以前降雨、径流、泥沙有着较好的相关关系(见图 1-10、图 1-11)。2000 年以后降雨量与实测水量关系改变,同一降雨量条件下,实测水量减少;随着降雨量的增加,实测水量增加很少(见图 1-10)。2014 年降雨量虽然偏多,但实测水量仅是 1969 年以前同期降雨量下的 18%。

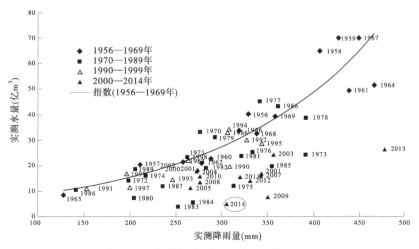

图 1-10　汛期河龙区间降雨与径流量关系

2000 年以前河龙区间各时期实测水沙关系基本在同一趋势带,但 2000 年以后实测水沙关系明显分带,相同径流条件下输沙量显著减少(见图 1-11)。2014 年水沙关系仍然符合 2000 年以来的变化规律。

二、主要水库调蓄对干流水沙量的影响

截至 2014 年 11 月 1 日,黄河流域 8 座主要水库蓄水总量 334.08 亿 m³(见表 1-3),

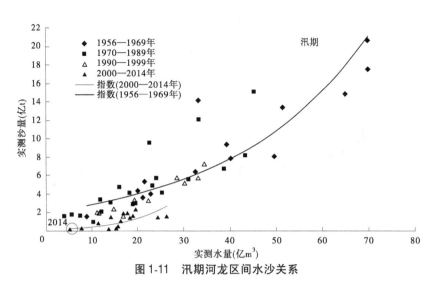

图 1-11　汛期河龙区间水沙关系

其中龙羊峡水库、刘家峡水库和小浪底水库蓄水量分别为 209.43 亿 m^3、27.33 亿 m^3 和 76.97 亿 m^3，占蓄水总量的 63%、8% 和 23%。与上年同期相比，8 座水库蓄水总量增加 32.04 亿 m^3，小浪底水库增加 25.76 亿 m^3。8 座水库非汛期共补水 77.68 亿 m^3，其中龙羊峡水库和小浪底水库占 99%；8 座水库汛期蓄水量增加 109.72 亿 m^3，其中龙羊峡水库和小浪底水库占 95%，汛期蓄水增加主要在后汛期，占汛期蓄水量的 94%。

表 1-3　2014 年主要水库蓄水量

水库	11月1日		非汛期蓄水变量（亿 m^3）	汛期蓄水变量（亿 m^3）	全年蓄水变量（亿 m^3）	前汛期蓄水变量（亿 m^3）	后汛期蓄水变量（亿 m^3）
	水位（m）	蓄水量（亿 m^3）					
龙羊峡	2 589.81	209.43	-43.01	44.36	1.35	13.85	30.51
刘家峡	1 724.28	27.33	-0.78	1.87	1.09	1.19	0.68
万家寨	974.25	2.86	1.86	0.35	2.21	-2.39	2.74
三门峡	317.73	4.32	-0.55	0.26	-0.29	-3.14	3.40
小浪底	266.98	76.97	-34.00	59.76	25.76	-1.86	61.62
东平湖老湖	40.93	2.53	-0.64	-0.57	-1.21	-0.33	-0.24
陆浑	313.11	4.30	-0.65	1.69	1.04	-0.72	2.41
故县	532.96	6.34	0.09	2.00	2.09	0.13	1.87
合计		334.08	-77.68	109.72	32.04	6.73	102.99

注：-为水库补水。

（一）龙羊峡水库运用及对洪水的调节

龙羊峡水库是多年调节水库。2014 年 11 月 1 日库水位为 2 589.81 m，相应蓄水量 209.43 亿 m^3，较上年同期水位上升 0.38 m，蓄水量增加 1.35 亿 m^3，全年最低水位

2 574.01 m,最高水位 2 589.83 m(见图 1-12),水库前汛期蓄水量 13.85 亿 m³,后汛期蓄水量 30.51 亿 m³。

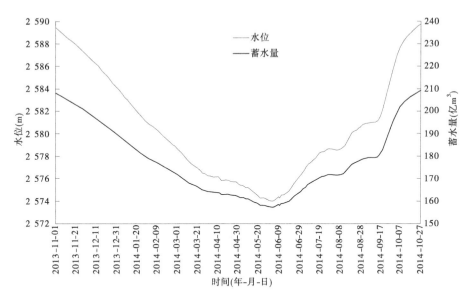

图 1-12　龙羊峡水库运用过程

9 月 20 日 19 时 24 分,唐乃亥洪峰流量 2 300 m³/s,经过龙羊峡水库调蓄,出库水文站贵德仅 1 090 m³/s(见图 1-13),削峰率 52%。

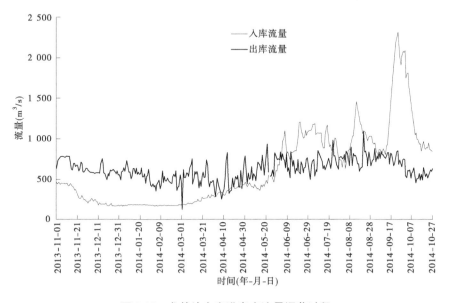

图 1-13　龙羊峡水库进出库流量调节过程

(二)刘家峡水库运用及对洪水的调节

刘家峡水库是不完全年调节水库。2014 年 11 月 1 日库水位 1 724.28 m,相应蓄水量

27.33 亿 m³,较上年同期水位上升 1.03 m,蓄水量增加 1.09 亿 m³,全年最低水位 1 719.63 m,最高水位 1 734.81 m(见图 1-14)。

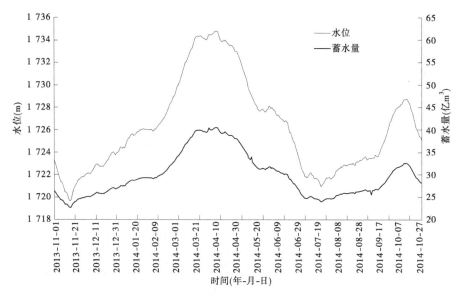

图 1-14 刘家峡水库运用过程

刘家峡水库出库过程主要根据防凌、防洪、灌溉和发电需要控制。由图 1-15 可以看出,汛期进库仅 1 场洪水,日最大流量为 1 420 m³/s(9 月 24 日),经过水库调节,相应出库流量为 778 m³/s,削峰率 37%。

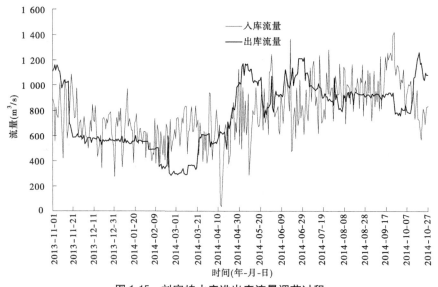

图 1-15 刘家峡水库进出库流量调节过程

(三)万家寨水库运用及对水流的调节

万家寨水库主要任务是发电和灌溉,对水沙过程的调节主要在桃汛期、调水调沙期和灌溉期。

  宁蒙河段开河期间,头道拐水文站形成了较为明显的桃汛洪水过程,洪峰流量 1 500 m³/s,最大日均流量 1 150 m³/s。为了配合利用桃汛洪水过程冲刷降低潼关高程,在确保内蒙古河段防凌安全的条件下,利用万家寨水库蓄水量(见图 1-16)及龙口水库配合进行补水,其间共补水约 2.16 亿 m³,出库(河曲水文站)最大瞬时流量 1 590 m³/s,最大日均流量 1 540 m³/s(见图 1-17)。

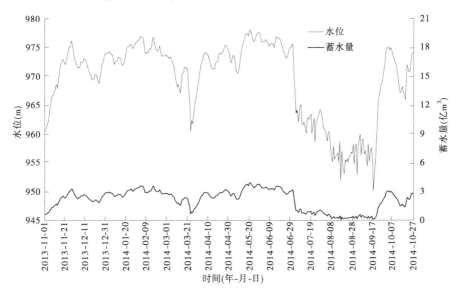

图 1-16 万家寨水库运用过程

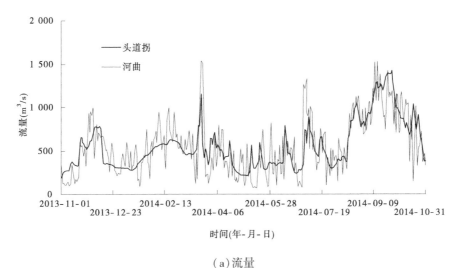

(a)流量

图 1-17 万家寨水库进出库水沙过程

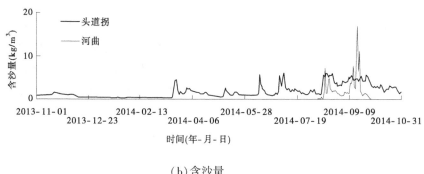

（b）含沙量

续图 1-17

在调水调沙期，为冲刷三门峡库区非汛期淤积泥沙，塑造三门峡水库出库高含沙水流过程，以增加调水调沙后期小浪底水库异重流后续动力，自 6 月 29 日 16 时起，万家寨水库与龙口水库联合调度运用，出库流量按 1 500 m³/s 均匀下泄，直至万家寨水库水位降至966 m，龙口水库水位降至汛限水位 893 m 后，按不超汛限水位控制运用。7 月 2 日晚万家寨水库、龙口水库均已降至汛限水位以下，转入正常防洪运用。从 6 月 29 日 16 时至 7月 3 日 8 时，出库流量控制在 1 500 m³/s 左右，大流量下泄历时约 88 h。

（四）三门峡水库运用及对水流的调节

1. 水库运用情况

2014 年非汛期三门峡水库运用水位原则上仍按不超过 318 m 进行控制。实际平均运用水位 317.67 m，日均最高运用水位 319.25 m（见图 1-18）。3 月中旬为配合桃汛洪水过程试验，降低库水位运用，最低降至 314.04 m，各月平均水位见表 1-4。与 2003—2013年非汛期最高运用水位 318 m 控制运用以来平均情况相比，非汛期平均水位抬高 0.83m，5 月平均超过 318 m，各月平均水位均有不同程度的抬高。

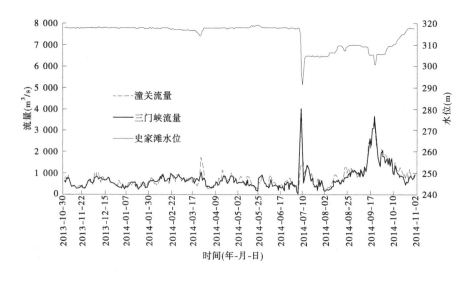

图 1-18　三门峡水库进出库流量和蓄水位过程

表1-4 非汛期史家滩各月平均水位 （单位:m）

月份	11	12	1	2	3	4	5	6	平均
2014年	317.80	317.87	317.80	317.51	316.59	317.78	318.26	317.77	317.67
2003—2013年	316.72	317.24	317.13	317.35	315.90	317.29	317.46	315.72	316.84

由表1-5可知,非汛期库水位在318 m以上的天数共18 d,占非汛期的比例为7.44%,其中319 m以上3 d,占非汛期的1.24%;317~318 m的天数最多,为197 d,占非汛期天数的81.4%;水位在316~317 m的天数为22 d,占非汛期天数的9.09%;水位在315~316 m的天数为2 d,占非汛期天数的0.83%;水位在315 m以下的天数有5 d,占非汛期天数的2.07%;非汛期库水位均在314 m以上,最低运用水位314.04 m,最高水位319.25 m的回水末端约在黄淤34断面,潼关以下较长河段不受水库蓄水直接影响。

表1-5 2014年非汛期各级库水位出现的天数及占比例

库水位（m）	319以上	318~319	317~318	316~317	315~316	314~315	314以下	合计
天数(d)	3	15	197	22	2	3	0	242
比例(%)	1.24	6.20	81.40	9.09	0.83	1.24	0	100

汛期三门峡水库运用原则上仍按平水期控制水位不超过305 m、流量大于1 500 m³/s敞泄排沙的方式(见图1-18)。汛期坝前平均水位308.5 m,其中从配合小浪底水库调水调沙开始到9月30日的平均水位为306.45 m。

7月4日至9月30日,三门峡水库共进行了2次敞泄运用,水位300 m以下的天数累计3 d,最低运用水位290.90 m,为配合黄河调水调沙生产运行,7月4—8日水库采用由蓄水状态到泄空的首次敞泄运用,9月18—20日则对应于汛期最大洪峰流量过程,潼关入库最大日均流量为3 390 m³/s,属于洪水期敞泄,敞泄期间300 m以下低水位连续最长时间为3 d,出现在7月6—8日。从水库运用过程来看,在调水调沙期水库由蓄水状态转入敞泄运用,调水调沙后到9月18—20日最大洪峰过程前,水库一直按平水期控制水位运用,其间7月9日至8月3日按305 m水位控制运用,之后水位抬高,按310 m控制运用(注:2014年8月3日以后为解决城市居民生活用水危机紧急抬高三门峡蓄水位至310 m)。9月18—20日最大洪峰过程期间水库再次转入敞泄排沙状态(见图1-19(b)),到该洪水落水阶段,水库由敞泄状态调整为按305 m控制运用,9月30日水库开始逐步抬高运用水位向非汛期过渡,10月23日水位达317.45 m,之后库水位一直控制在317.6~317.8 m。三门峡水库敞泄运用时段水位特征值见表1-6。

表1-6 三门峡水库敞泄运用时段特征值

时段（月-日）	水位低于300 m天数(d)	坝前水位(m)		潼关最大日均流量（m³/s）
		平均	最低	
07-06—08	3	295.05	290.90	1 380
09-18—20	0	302.24	300.68	3 390

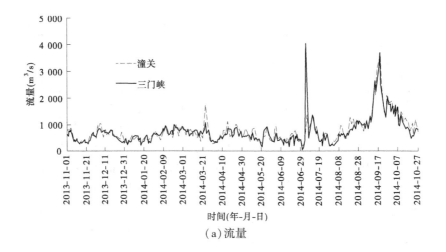

（a）流量

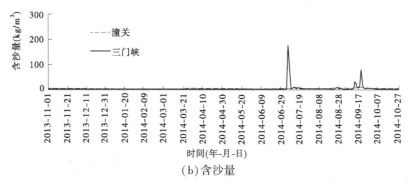

（b）含沙量

图 1-19　三门峡水库进出库日均流量、含沙量过程

2. 水库对水沙过程的调节

2014 年三门峡水库非汛期平均蓄水位 317.67 m，最高日均水位 319.25 m，桃汛降低潼关高程试验期间水库降低水位运用，最低为 314.04 m；汛期坝前平均水位 308.5 m，从 7 月 4 日开始配合调水调沙到 9 月 30 日的平均水位为 306.45 m。

非汛期水库蓄水运用的进出库流量过程总体上较为接近；桃汛洪水期水库有明显的削峰作用，潼关水文站最大日均流量为 1 730 m³/s，三门峡水库相应出库流量削减至 1 000 m³/s 以下。非汛期进库含沙量为 0.323~6.13 kg/m³，入库泥沙基本淤在库内；桃汛洪水期水库运用水位在 314 m 以上，含沙量为 0.77~3.86 kg/m³，相应出库最大流量为 1 080 m³/s。

小浪底水库调水调沙期，利用三门峡水库 318 m 以下蓄水量塑造洪峰，7 月 4—8 日，入库最大瞬时流量为 1 560 m³/s，最大瞬时含沙量为 15.5 kg/m³，沙量为 0.018 亿 t；出库最大瞬时流量为 5 210 m³/s，最大日均流量为 4 020 m³/s，水库敞泄运用，水位降低后开始排沙，出库最大瞬时含沙量 340 kg/m³，最大日均含沙量为 174 kg/m³，排沙量为 0.636 亿 t，排沙比为 3 468%。汛期平水期按水位 305 m 及 310 m 控制运用，进出库流量及含沙量过程均差别不大；洪水期水库敞泄运用时（坝前最低水位为 300.68 m），进出库流量相近，而出库含沙量远大于入库，其余时段进出库含沙量变化不明显（见图 1-19（b）），表 1-7 为低水位时进出库含沙量。

表 1-7　2014 年水库敞泄进出库含沙量

运用参数	7 月 6 日	7 月 7 日	7 月 8 日	9 月 19 日	9 月 20 日
坝前最低水位(m)	297.21	290.9	297.05	300.68	300.78
出库最大含沙量(kg/m³)	174.00	153	59.70	78.90	46.20
相应进库含沙量(kg/m³)	2.76	3.40	2.48	8.96	6.67

3. 水库排沙情况

2014 年三门峡水库全年排沙量为 1.390 亿 t,所有排沙过程均发生在汛期,汛期排沙量主要取决于流量过程和水库敞泄程度。

三门峡水库汛期排沙量为 1.390 亿 t,相应入库沙量为 0.498 亿 t,水库排沙比 279%(见表 1-8)。

表 1-8　2014 年汛期三门峡水库排沙量

日期(月-日)	水库运用状态	汛期分时段	史家滩平均水位(m)	潼关		三门峡		淤积量(亿 t)	排沙比(%)
				水量(亿 m³)	沙量(亿 t)	水量(亿 m³)	沙量(亿 t)		
07-01—02	蓄水	平水期	317.57	0.37	0.001	0.15	0.000	0.001	0
07-03—05	蓄水	洪水期	316.86	1.56	0.010	3.91	0.004	0.005	46
07-06—08	敞泄	洪水期	295.05	2.99	0.009	4.04	0.631	-0.622	7 218
07-09—19	控制	洪水期	304.63	8.46	0.035	8.17	0.041	-0.006	117
07-20—09-09	控制	平水期	307.50	31.95	0.128	30.05	0.041	0.087	32
09-10—18	控制	洪水期	306.47	17.79	0.118	17.72	0.227	-0.109	192
09-19—20	敞泄	洪水期	300.73	5.34	0.042	5.43	0.355	-0.313	844
09-21—23	控制	洪水期	305.47	4.56	0.036	5.11	0.039	-0.003	109
09-24	控制	平水期	305.53	1.21	0.007	1.28	0.005	0.002	68
09-25—30	控制	洪水期	305.56	9.47	0.039	8.81	0.033	0.006	83
10-01—05	蓄水	洪水期	308.66	6.63	0.025	6.64	0.009	0.015	39
10-06—31	蓄水	平水期	314.45	23.03	0.048	20.38	0.004	0.044	8
敞泄期			297.32	8.33	0.051	9.48	0.986	-0.935	1 933
非敞泄期			308.98	105.04	0.447	102.23	0.404	0.043	90
汛期			308.50	113.37	0.498	111.71	1.390	-0.892	279
洪水期			305.70	56.80	0.314	59.85	1.341	-1.027	428
平水期			309.96	56.57	0.184	51.86	0.049	0.135	27

注:表中淤积量"-"表示发生冲刷,下同。

汛期平水期和敞泄期水库均进行排沙,排沙效果差别较大,平水期排沙比较小,而敞泄期排沙比较大。2014 年水库共进行了 2 次敞泄排沙,第一次敞泄为小浪底水库调水调沙期,另一次发生在 9 月 18—20 日汛期最大洪峰流量过程中。第一次为 7 月 6 日降低水位泄水,排沙量显著增大,7 月 6—8 日库水位连续处于 300 m 以下,3 d 水库排沙 0.631 亿 t,排沙比高达 7 218%,9 月 19—20 日水库敞泄运用期间,排沙量达 0.355 亿 t,排沙比为 844%,两次敞泄过程 5 d 共排沙 0.986 亿 t,占汛期排沙总量的 71%,敞泄期平均排沙比 1 933%。从洪水期排沙情况看,调水调沙期间 7 月 3—19 日出库沙量为 0.676 亿 t,排沙比为 1 252%;9 月 10—23 日洪水期过程中,坝前水位在 300.68～309.21 m,出库沙量为 0.621 亿 t,排沙比为 317%;9 月 25 日至 10 月 5 日洪水过程,坝前水位 305.44～309.3 m,排沙量为 0.042 亿 t,排沙比 66%。3 场洪水过程出库总沙量为 1.341 亿 t,占汛期出库沙量的 96%,平均排沙比为 428%。在 7—9 月的平水期,入库流量多在 1 000～2 000 m³/s,库区有一定淤积;10 月水库基本为蓄水运用,但入库沙量很少,基本没有排沙,平水期出库沙量为 0.049 亿 t,平均排沙比 27%,库区淤积量为 0.135 亿 t。敞泄期径流量 8.33 亿 m³,仅占汛期水量的 7.3%,但排沙量占汛期的 71%,库区冲刷量占汛期的 105%;洪水期排沙量占汛期的 96%,库区冲刷 1.027 亿 t,占汛期冲刷量的 115%。

可见,2014 年三门峡水库排沙主要集中在汛期的洪水期,完全敞泄时库区冲刷量更大,排沙效率高,排沙比远大于 100%;非敞泄期,入库流量较大时,排沙比大于 100%,小流量过程(平水期)排沙比均小于 100%。

(五)小浪底水库运用及对径流的调节

1. 水库运用情况

2014 年小浪底水库按照满足黄河下游防洪、减淤、防凌、防断流以及供水等目标要求,进行了防洪和春灌蓄水、调水调沙及供水调度。2014 年水库最高水位达到 266.89 m (10 月 31 日 8 时),日均最低水位达到 222.05 m(7 月 5 日 11 时),库水位及蓄水量变化过程见图 1-20。

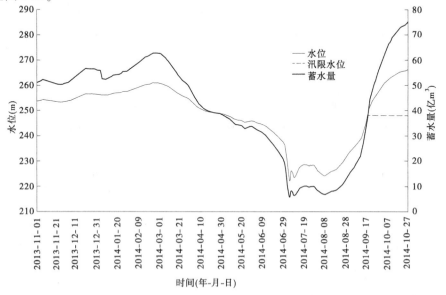

图 1-20 小浪底水库库水位及蓄水量变化过程

2014年水库运用可分为4个阶段：

第一阶段为2013年11月1日至2014年6月28日。水库以蓄水、防凌、供水为主。2013年11月1日至2014年3月1日，水库蓄水，水位最高达到260.89 m，相应蓄水量62.68亿 m^3；2014年3月2日至2014年6月28日，为保证黄河下游工农业生产、城市生活及生态用水，水库向下游补水，至2014年6月29日8时，水库共补水41.98亿 m^3，蓄水量减至20.7亿 m^3，库水位降至237.63 m，保证了下游用水及河道不断流。

第二阶段是从2014年6月29日至7月9日，为汛前调水调沙生产运行期。该阶段又分为小浪底水库清水下泄期和排沙期。小浪底水库清水下泄期从2014年6月29日8时至7月5日0时，小浪底水库加大清水下泄流量，冲刷并维持下游河槽过洪能力，至7月5日0时人工塑造异重流开始，坝上水位已由237.63 m降至222.87 m，下降14.76 m，蓄水量由20.7亿 m^3 降至6.05亿 m^3，下泄14.65亿 m^3。小浪底水库排沙期从2014年7月5日15时至9日0时。7月5日0时三门峡水库开始加大泄量进行人工塑造异重流，5日15时48分形成的异重流运行至坝前排泄出库。其间，库水位一度降至222.05 m（7月5日11时），对应最小蓄水量5.57亿 m^3；至7月9日0时调水调沙结束，小浪底水库水位为223.84 m，蓄水量为6.64亿 m^3，比调水调沙期开始时减少14.06亿 m^3。

第三阶段为2014年7月10日至8月20日，水库以防洪为主。水位始终控制在汛限水位以下，最高228.65 m。

第四阶段为2014年8月21日至10月31日，水库以蓄水为主。到10月31日8时，水位上升至266.89 m，相应蓄水量为76.75亿 m^3。

2. 水库对水沙过程的调节

与前几年相比，2014年入库水量偏少。日均入库流量大于3 000 m^3/s 量级出现的天数为4 d，主要出现在汛前调水调沙期和秋汛洪水期，最长持续3 d，最大日均入库流量4 020 m^3/s（7月5日）。年内三门峡水库排沙时间为75 d，主要出现在汛前调水调沙期和汛期洪水期，最长持续52 d（8月20日至10月12日），最大日均入库含沙量78.9 kg/m^3（9月19日）。进出库各级流量及含沙量持续时间及出现天数见表1-9及表1-10。

表1-9　小浪底水库进出库各级流量出现天数

流量级（m^3/s）		<500	500~800	800~1 000	1 000~2 000	2 000~3 000	>3 000
入库天数	出现	117	148	52	35	9	4
（d）	持续	18	17	7	11	5	3
出库天数	出现	157	98	42	60	4	4
（d）	持续	69	11	6	39	3	4

注：表中持续天数为全年该级流量连续出现最长时间。

表1-10　小浪底水库进出库含沙量出现天数

含沙量级（kg/m^3）	>100		50~100		0~50		0	
	出现	持续	出现	持续	出现	持续	出现	持续
入库天数（d）	2	2	2	1	71	30	290	246
出库天数（d）	0	0	0	0	6	5	359	241

注：表中持续天数为全年该级含沙量连续出现最长时间。

出库流量大于 2 000 m³/s 的天数仅 8 d,均在汛前调水调沙期,年内最大日均出库流量 3 700 m³/s(7 月 2 日);流量介于 1 000~2 000 m³/s 的时段主要集中在春灌期 2~3 月以及汛前调水调沙期;出库流量小于 1 000 m³/s 的天数有 297 d。年内小浪底水库排沙仅 6 d,均在汛前调水调沙期,最大日均出库含沙量为 49.8 kg/m³(7 月 6 日)。

2014 年小浪底水库入库水量为 229.60 亿 m³,其中汛期入库水量为 111.71 亿 m³,占年水量的 48.7%;非汛期入库水量为 117.89 亿 m³,占年水量的 51.3%。全年入库沙量为 1.390 亿 t,全部来自汛期,其中汛前调水调沙期间三门峡水库下泄沙量为 0.636 亿 t,占年入库沙量的 45.8%。

2014 年小浪底水库全年出库水量为 218.46 亿 m³,其中汛期水量为 60.54 亿 m³,占全年出库水量的 27.7%;春灌期 3—6 月下泄水量为 109.58 亿 m³,占全年出库水量的 50.2%。另外,汛前调水调沙期(6 月 29 日至 7 月 9 日)出库水量 24.73 亿 m³,占全年出库总水量的 11.3%。全年出库沙量仅为 0.269 亿 t,全部集中在汛前调水调沙期。

经过小浪底水库调节,进出库流量及含沙量过程发生了较大的改变(见图 1-21)。

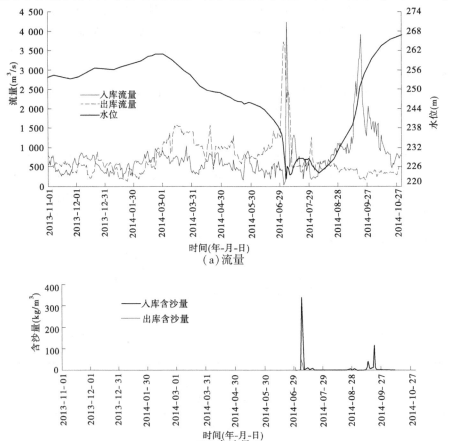

图 1-21　小浪底水库进出库日均流量、日均含沙量过程

3. 水库排沙情况

2014 年小浪底水库全年进出库沙量分别为 1.390 亿 t、0.269 亿 t。进出库泥沙主要

集中在汛前调水调沙期和汛期洪水期。其中6月29日至7月9日汛前调水调沙期和9月11—23日汛期洪水期,小浪底水库入库沙量分别为0.636亿t、0.621亿t(见表1-11),分别占全年入库沙量的45.8%、44.7%;小浪底水库仅汛前调水调沙进行排沙0.269亿t,其他时段小浪底水库下泄清水。汛前调水调沙小浪底水库排沙比为42.3%,全年排沙比为19.4%。

表1-11 2014年小浪底水库洪水期进出库特征参数

特征参数			汛前调水调沙 6月29日至7月9日		汛期洪水 9月11—23日	
			入库	出库	入库	出库
水量(亿 m³)			9.45	24.73	27.34	2.94
沙量(亿 t)			0.636	0.269	0.621	0
流量	瞬时	最大值(m³/s)	5 210	4 490	5 510	—
		出现时间	7月5日 22时	7月1日 12时48分	9月19日 5时24分	—
	日均	最大值(m³/s)	2 020	3 830	3 690	420
		出现时间	7月5日	7月2日	9月19日	9月15日
	时段平均(m³/s)		994.1	2 601.8	2 433.8	262
含沙量	瞬时	最大值(kg/m³)	340	136.09	151	—
		出现时间	7月6日 11时	7月6日 4时54分	9月19日 8时42分	—
	日均	最大值(kg/m³)	174	49.8	78.9	0
		出现时间	7月6日	7月6日	9月19日	
	时段平均(kg/m³)		67.3	10.9	22.7	0
库水位	最大值(m)/出现时间		237.63/6月29日8时		254.33/9月23日8时	
	最小值(m)/出现时间		222.05/7月5日11时		238.39/9月11日8时	

(六)大型水库运用对干流水量的调节作用

龙羊峡水库、刘家峡水库控制了黄河上游清水来源区,对整个流域水量影响比较大;小浪底水库是水沙进入黄河下游的重要控制枢纽,对下游水沙影响比较大。将三大水库2014年蓄泄水量还原后可以看出(见表1-12),龙羊峡水库、刘家峡水库非汛期共补水43.79亿 m³,汛期蓄水46.23亿 m³,头道拐汛期实测水量84.23亿 m³,占头道拐年水量比例48%,如果没有龙羊峡水库、刘家峡水库调节,汛期水量为130.46亿 m³,汛期占全年比例可以增加到73%。

花园口水文站和利津水文站汛期实测水量分别为72.69亿 m³和43.96亿 m³,分别占年水量的32%和40%,如果没有龙羊峡水库、刘家峡水库和小浪底水库调节,花园口和利津汛期水量分别为178.68亿 m³和149.95亿 m³,占全年比例分别为71%和108%。特别是利津非汛期实测水量 66.98 亿 m³,如果没有龙羊峡水库、刘家峡水库和小浪底水库调节,为 -10.81 亿 m³,可见水库联合调度发挥了不断流的效益。

表 1-12 2014 年水库运用对干流水量的调节   （单位:亿 m³）

项目	非汛期	汛期	全年	汛期占年(%)
龙羊峡水库蓄泄水量	-43.01	44.36	1.35	
刘家峡水库蓄泄水量	-0.78	1.87	1.09	
龙羊峡、刘家峡两库合计	-43.79	46.23	2.44	
头道拐站实测水量	91.19	84.23	175.42	48
还原两库后头道拐水量	47.40	130.46	177.86	73
小浪底水库蓄泄水量	-34.00	59.76	25.76	
花园口站实测水量	151.73	72.69	224.42	32
利津站实测水量	66.98	43.96	110.94	40
还原龙羊峡、刘家峡、小浪底水库后花园口水量	73.94	178.68	252.62	71
还原龙羊峡、刘家峡、小浪底水库后利津水量	-10.81	149.95	139.14	108

三、三门峡水库库区冲淤及潼关高程变化

(一)潼关以下冲淤调整

根据大断面测验资料,2014 年潼关以下库区非汛期淤积 0.379 亿 m³,汛期冲刷 0.645 亿 m³,年内冲刷 0.266 亿 m³。

图 1-22 为三门峡潼关以下库区冲淤量沿程分布。非汛期库区坝前段坝址—黄淤 20 及库尾段黄淤 36—黄淤 41 总体上呈现沿程冲淤交替发展的趋势,但冲淤幅度较小,部分河段冲淤接近平衡,其中黄淤 36—黄淤 38 河段有一定冲刷,冲刷强度在 200 m³/m 左右。库区中段黄淤 20—黄淤 36 在非汛期表现为淤积,淤积强度较大的河段分别是黄淤 22—黄淤 29 和黄淤 30—黄淤 32,单位河长淤积量均在 500 m³/m 以上,最大为 1 356 m³/m。汛期除黄淤 18—黄淤 20 以及黄淤 36—黄淤 38 河段有少量淤积外,全河段整体上呈冲刷状态,其中坝址附近冲刷强度最大,达 2 759 m³/m,坝址—黄淤 18 库段冲刷强度向上游逐渐递减。库区中段黄淤 24—黄淤 29 及黄淤 33—黄淤 35 区间在汛期冲刷较为剧烈,冲刷强度均大于 500 m³/m,最大值为 1 103 m³/m。

从全年来看,受汛期水库敞泄排沙的影响,库区坝前段坝址—黄淤 17 仍表现为强烈的溯源冲刷,最大冲刷强度为 2 615 m³/m;库区中段黄淤 17—黄淤 33 则以淤积为主,其中黄淤 31—黄淤 32 河段淤积强度最大,达 774 m³/m;库尾段黄淤 33—黄淤 41 呈冲刷状态,冲刷强度较大的区域位于黄淤 33—黄淤 35 河段,冲刷强度达 713 m³/m。

从各河段冲淤量来看(见表 1-13),黄淤 12—黄淤 36 河段具有非汛期淤积,汛期冲刷的特点,冲淤变化最大的河段在黄淤 22—黄淤 30,其次是黄淤 30—黄淤 36 河段,而其他各河段在汛期和非汛期均表现为冲刷。全年来看,除黄淤 22—黄淤 30 河段为淤积外,其他河段均为冲刷,其中大坝—黄淤 12 河段冲刷量最大,为 0.284 4 亿 m³,占潼关以下库区总冲刷量的 107%,黄淤 30—黄淤 36 断面冲刷量最小,仅 0.004 3 亿 m³。非汛期水库蓄水运用,入库泥沙基本淤积在库内,且主要淤积在库区中段。由于 2013 年汛后库区坝前

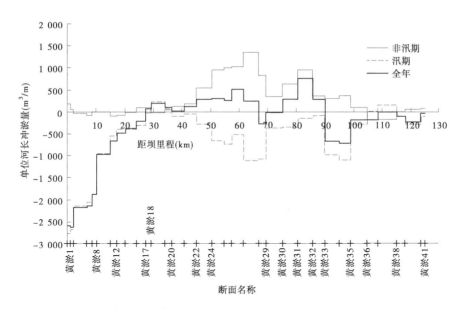

图 1-22　三门峡潼关以下库区冲淤量沿程分布

淤积严重,因此在汛期洪水期水库敞泄排沙时,坝前堆积泥沙也极易冲刷出库。与 2013 年相比,2014 年汛期冲刷量大,非汛期淤积量小(见图 1-23)。

表 1-13　2014 年潼关以下库区各河段冲淤量　　　　　　　　　(单位:亿 m³)

时段	大坝—黄淤 12	黄淤 12—黄淤 22	黄淤 22—黄淤 30	黄淤 30—黄淤 36	黄淤 36—黄淤 41	大坝—黄淤 41
非汛期	−0.003 5	0.013 9	0.250 9	0.132 6	−0.014 8	0.379 1
汛期	−0.280 9	−0.030 5	−0.188 4	−0.136 9	−0.008 1	−0.644 8
全年	−0.284 4	−0.016 6	0.062 5	−0.004 3	−0.022 9	−0.265 7

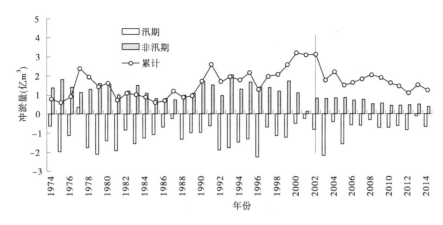

图 1-23　潼关以下河段历年冲淤量变化(大坝—黄淤 41)

（二）小北干流冲淤调整

2014 年非汛期小北干流河段冲刷 0.139 1 亿 m³，汛期冲刷 0.144 6 亿 m³，全年共冲刷 0.283 7 亿 m³。与 2013 年相比，汛期表现相反（见图 1-24）。

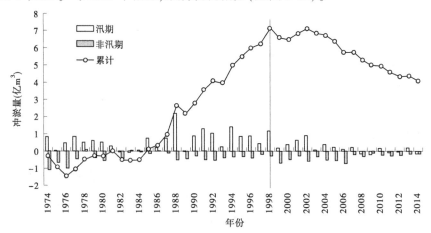

图 1-24 小北干流河段历年冲淤量变化过程（黄淤 41—黄淤 68）

河段沿程冲淤强度变化见图 1-25。

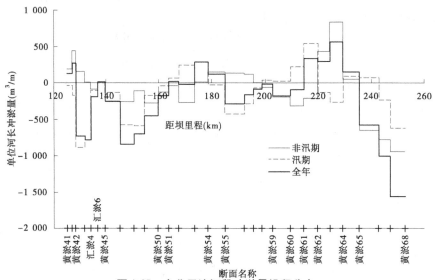

图 1-25 小北干流河段冲淤量沿程分布

由图 1-25 可以看出，非汛期小北干流河段沿程冲淤交替发展，其中黄河、渭河交汇区（黄淤 41—汇淤 6）以淤积为主，不过淤积强度最大仅为 436 m³/m；黄淤 62—黄淤 64 河段淤积量较大，单位河长淤积量最大为 835 m³/m；黄淤 65 以上河段冲刷强度较大，最大为 943 m³/m。汛期除黄淤 51—黄淤 54 及黄淤 60—黄淤 62 河段有明显淤积外，其他河段多表现为不同程度的冲刷或微淤，其中黄渭交汇区黄淤 42—汇淤 4 河段冲刷剧烈，冲刷强度最大为 881 m³/m。全年来看，河段沿程冲淤变化趋势与汛期基本一致，仅在冲淤量值上有一定差别，其中黄渭交汇区及黄淤 45—黄淤 51 河段仍表现为一定程度的冲刷；黄淤

65 上游河段冲刷量较大,冲刷强度最大为 1 556 m³/m;黄淤 51—黄淤 55 河段仍以淤积为主,黄淤 61—黄淤 65 河段淤积强度相对较大,为 570 m³/m。总体上看,全河段汛期及非汛期冲淤强度均不大,除个别区域冲淤强度超过 500 m³/m 外,大部分均在 500 m³/m 以下。

从各河段的冲淤量看(见表 1-14),汛期、非汛期总体上均为冲刷,且冲刷量值接近,黄淤 41—黄淤 45 河段表现出非汛期淤积、汛期冲刷的特点,其余河段汛期和非汛期均发生冲刷,其中非汛期黄淤 59—黄淤 68 河段冲刷量最大,而汛期黄淤 45—黄淤 50 河段冲刷量最大,黄淤 59—黄淤 68 河段冲刷量最小。全年来看,各河段均为冲刷,其中黄淤 59—黄淤 68 冲刷量最大,黄淤 45—黄淤 50 河段次之,黄淤 50—黄淤 59 河段冲刷量最小。

表 1-14　小北干流各河段冲淤量　　　　　　　　　(单位:亿 m³)

时段	黄淤 41—黄淤 45	黄淤 45—黄淤 50	黄淤 50—黄淤 59	黄淤 59—黄淤 68	黄淤 41—黄淤 68
非汛期	0.012 7	-0.040 1	-0.001 6	-0.110 1	-0.139 1
汛期	-0.054 4	-0.070 5	-0.011 4	-0.008 3	-0.144 6
全年	-0.041 7	-0.110 6	-0.013 0	-0.118 4	-0.283 7

(三)潼关高程变化

2013 年汛后潼关高程为 327.55 m,非汛期总体淤积抬升,至 2014 年汛前为 328.02 m,淤积抬升 0.47 m,经过汛期的调整,总体冲刷下降 0.54 m,汛后潼关高程为 327.48 m。运用年内潼关高程下降 0.07 m,年内潼关高程变化过程见图 1-26。

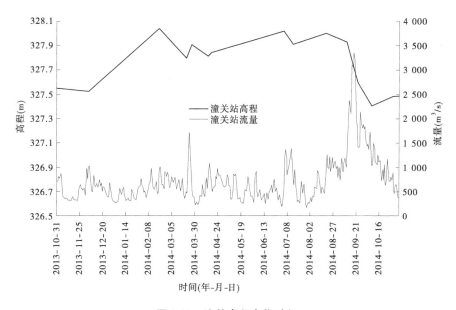

图 1-26　潼关高程变化过程

非汛期潼关河段不受水库变动回水的直接影响,主要受来水来沙条件和前期河床边界条件影响,基本处于自然演变状态。2013 年汛后潼关高程继续保持冲刷下降的趋势,在 12 月上旬降至 327.52 m,然后开始迅速回淤抬升,至 2014 年 2 月下旬潼关高程升至 328.04 m。之后潼关高程有一定冲刷,到桃汛洪水前下降至 327.79 m。在桃汛洪水期(3 月 22—27 日),潼关高程在桃汛洪水作用下并没有出现明显的冲刷下降,反而淤积抬升了 0.11 m,这与前期河床边界条件等有关。桃汛后至 4 月中旬,短期内潼关高程为 327.82 m,之后一直到汛前潼关高程逐渐回淤抬升,累计抬高 0.2 m,达到 328.02 m,至此,从 2013 年 12 月上旬至 2014 年汛前,非汛期潼关高程累计上升 0.50 m。

三门峡水库汛期处于低水位运用状态,入库泥沙较少,日均最大含沙量仅 9.2 kg/m³,在调水调沙期间(7 月 4—14 日),虽然洪水流量偏小,平均为 1 073 m³/s,最大瞬时流量仅为 1 560 m³/s,但持续时间相对较长,潼关高程有明显下降,洪水后为 327.91 m。从 9 月 10 日至 10 月 8 日,在两场较大洪水过程作用下,潼关高程持续冲刷下降,且下降幅度大。其中 9 月 10—23 日为汛期最大洪峰流量过程,且历时较长,洪峰流量达 3 570 m³/s,平均流量 2 289 m³/s,洪水后潼关高程冲刷 0.33 m,降至 327.60 m。在 9 月 25 日至 10 月 5 日洪水过程中,洪峰流量为 2 330 m³/s,平均流量 1 694 m³/s,潼关高程进一步冲刷下降,从 327.60 m 降至 327.41 m,达到年内最低点。至汛末,潼关高程略有回升,为 327.48 m。至此洪水期潼关高程累积降低 0.61 m,汛期潼关高程由汛前的 328.02 m 下降至 327.48 m,其下降 0.54 m,汛期潼关(六)水位流量关系见图 1-27。

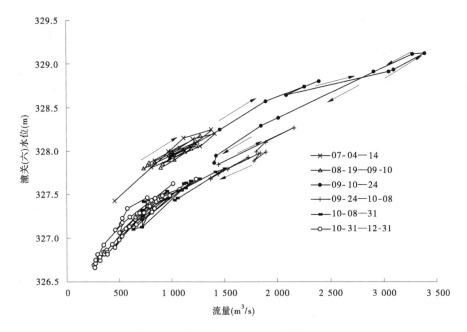

图 1-27　汛期潼关(六)水位流量关系

由此可见,在汛期来沙较少的情况下,潼关高程的变化主要取决于流量过程,且大洪水对潼关高程的冲刷下降起重要作用。

图 1-28 为历年潼关高程变化过程。自 1973 年三门峡水库实行蓄清排浑控制运用以来,潼关高程年际经历了"上升—下降—上升—下降"的往复过程,但总体上呈现淤积抬升的趋势;年内潼关高程基本上遵循非汛期抬升、汛期下降的变化规律。至 2002 年汛后,

潼关高程为 328.78 m,达到历史最高值,此后,经过 2003 年和 2005 年渭河秋汛洪水的冲刷,潼关高程有较大幅度的下降,恢复到 1993~1994 年的水平。2006 年以后开始的"桃汛试验"使得潼关高程保持了较长时段的稳定,2012 年在干流洪水作用下,潼关高程再次发生大幅下降,降至 327.38 m,为 1993 年以来的最低值,至 2014 年汛后潼关高程为 327.48 m,仍保持在较低状态。

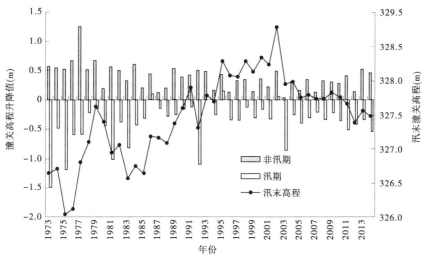

图 1-28 历年潼关高程变化

四、小浪底水库库区冲淤变化

(一)水库冲淤变化

根据库区测验资料,利用断面法计算 2014 年小浪底水库全库区淤积量为 0.400 亿 m³(见表 1-15),泥沙淤积分布有以下特点:

表 1-15 各时段小浪底水库库区淤积量 （单位:亿 m³)

项目	时段(年-月)		
	2013-10—2014-04	2014-04—10	2013-10—2014-10
干流	−0.113	0.508	0.395
支流	−0.147	0.152	0.005
合计	−0.260	0.660	0.400

(1)2014 年库区干流淤积量为 0.395 亿 m³,支流淤积量为 0.005 亿 m³。

(2)2014 年库区淤积全部集中于 4—10 月,淤积量为 0.660 亿 m³,其中干流淤积量 0.508 亿 m³,支流淤积量 0.152 亿 m³,干流淤积占该时期库区淤积总量的 76.97%。

(3)库区淤积主要集中在高程 215~225 m 及 235~255 m,该区间淤积量达到 0.667 亿 m³;冲刷主要发生在高程 225~235 m 及 215 m 以下。图 1-29 给出了小浪底水库库区 2014 年不同高程的冲淤量分布。

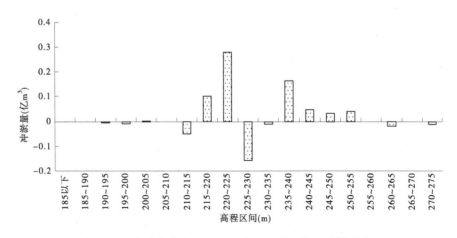

图 1-29　小浪底水库库区 2014 年不同高程的冲淤量分布

（4）图 1-30 给出了小浪底水库不同时段不同区间的冲淤量。2014 年 4—10 月，HH18（距坝 29.35 km）断面以下库段以及 HH39（距坝 67.99 km）—HH53（距坝 110.27 km）库段均发生不同程度淤积，其中坝前至 HH18 断面以下库段（含支流）淤积量为 0.636 亿 m³，全年淤积 0.406 亿 m³，是淤积的主体；HH18—HH39 库段发生少量冲刷，冲刷量为 0.220 亿 m³。2013 年 10 月至 2014 年 4 月，由于泥沙沉降密实等，库区大部分河段，尤其是库区中下段，淤积量计算时显示为冲刷。

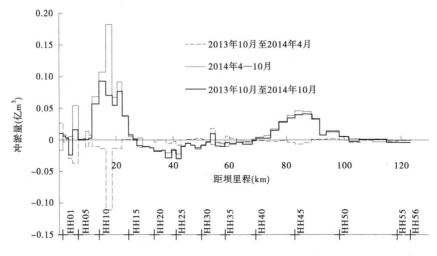

图 1-30　小浪底水库库区断面间冲淤量分布（含支流）

小浪底水库库区支流较多，平面形态狭长弯曲，总体上呈上窄下宽。距坝 68 km 以上为峡谷段，河谷宽度多在 500 m 以下；距坝 65 km 以下宽窄相间，河谷宽度多在 1 000 m 以上，最宽处约 2 800 m。一般按此形态将水库划分为大坝—HH20 断面、HH20—HH38 断面和 HH38—HH56 断面三个区段研究淤积状况。表 1-16 给出了 2013 年 10 月至 2014 年 10 月上述三段冲淤状况，可以看出，淤积主要集中在 HH38（距坝 64.83 km）断面以下库段。

表 1-16　小浪库水库不同库段淤积量　　　　　　　　　　　　　　（单位：亿 m³）

时段 （年-月）	位置	大坝—HH20 （0~33.48 km）	HH20—HH38 （33.48~64.83 km）	HH38—HH56 （64.83~123.41 km）	合计
2013-10—2014-04	干流	-0.072	-0.012	-0.029	-0.113
	支流	-0.156	0.009	0	-0.147
2014-04—10	干流	0.438	-0.171	0.241	0.508
	支流	0.174	-0.022	0	0.152
2013-10—2014-10	干流	0.366	-0.183	0.212	0.395
	支流	0.018	-0.013	0	0.005

注：表中"-"表示发生冲刷。

（5）2014 年支流淤积量为 0.005 亿 m³，其中 2013 年 10 月至 2014 年 4 月与干流同时期表现基本一致，由于淤积物的密实作用而表现为淤积面高程的降低；2014 年 4—10 月淤积量为 0.152 亿 m³。支流泥沙主要淤积在库容较大的支流，如畛水、石井河、沇西河以及近坝段的煤窑沟等（见图 1-31）。表 1-17 列出了 2014 年 4—10 月淤积量大于 0.01 亿 m³ 的支流。支流淤积主要为干流来沙倒灌所致，淤积集中在沟口附近，沟口向上沿程减少。

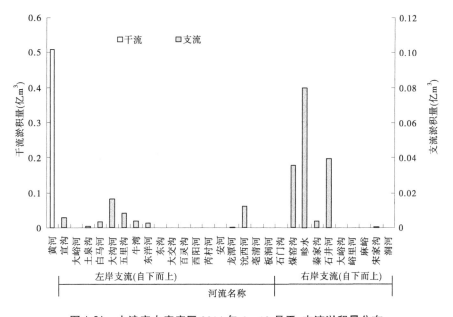

图 1-31　小浪底水库库区 2014 年 4—10 月干、支流淤积量分布

表 1-17　小浪底水库库区典型支流淤积量　　　　　　　　(单位:亿 m³)

支流		位置	时段(年-月)		
			2013-10—2014-04	2014-04—10	2013-10—2014-10
左岸	大沟河	HH10—HH11	-0.002	0.016	0.014
	沇西河	HH32—HH33	0.009	0.012	0.021
右岸	煤窑沟	HH04—HH05	-0.026	0.035	0.009
	畛水	HH11—HH12	-0.102	0.080	-0.022
	石井河	HH13—HH14	-0.004	0.039	0.035

(6)从 1999 年 9 月开始蓄水运用至 2014 年 10 月,小浪底水库库区断面法淤积量为
30.726 亿 m³,其中干流淤积量为 24.694 亿 m³,支流淤积量为 6.032 亿 m³,分别占总淤积
量的 80.4% 和 19.6%。1999 年 9 月至 2014 年 10 月小浪底库区不同高程下的累计冲淤
量分布见图 1-32。

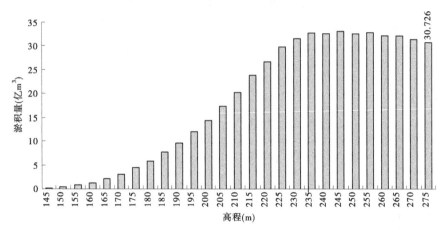

图 1-32　1999 年 9 月至 2014 年 10 月小浪底水库库区不同高程下累计冲淤量

(二)库区淤积形态

1. 干流淤积形态

1)纵向淤积形态

2013 年 11 月至 2014 年 6 月中旬,由于三门峡水库下泄清水,小浪底水库无泥沙出
库,因此干流纵向淤积形态在此期间变化不大。

2014 年 7—10 月,小浪底水库库区干流仍保持三角洲淤积形态(见表 1-18、图 1-33),
将 2014 年 10 月与 2013 年 10 月比较,三角洲各库段比降均有所调整。与上年度末相比,
洲面有所变缓,比降由 2.31‰ 降至 2.25‰,三角洲洲面段除 HH19—HH41 库段发生冲
刷,其余大部分库段发生淤积。由于汛期泥沙大量淤积在三角洲洲面段 HH09(距坝 11.42
km)—HH16(距坝 26.01 km)库段,该库段干流淤积量为 0.408 亿 m³,最大淤积厚度为
4.85 m(HH11),三角洲顶点由距坝 11.42 km 的 HH09 上移至距坝 16.39 km 的 HH11 断
面,三角洲顶点高程为 222.71 m。三角洲尾部段变化不大。

· 32 ·

表 1-18　小浪底水库库区三角洲淤积形态要素

时间 (年-月)	顶点		坝前淤积段	前坡段		洲面段		尾部段	
	距坝里程 (km)	深泓点高程(m)	距坝里程 (km)	距坝里程 (km)	比降 (‰)	距坝里程 (km)	比降 (‰)	距坝里程 (km)	比降 (‰)
2013-10	11.42	215.06	0~3.34	3.34~11.42	30.11	11.42~105.85	2.31	105.85~123.41	11.93
2014-10	16.39	222.71	0~2.37	2.37~16.39	24.15	16.39~105.85	2.25	105.85~123.41	11.93

图 1-33　库区干流纵剖面套绘(深泓点)

2)横断面淤积形态

随着库区泥沙淤积,横断面总体表现为同步抬升趋势。图 1-34 为 2013 年 10 月至 2014 年 10 月典型横断面套绘,可以看出不同的库段冲淤形态及过程有较大的差异。

2013 年 10 月至 2014 年 4 月,受水库蓄水以及泥沙密实固结的影响,库区淤积面表现为下降,但全库区地形总体变化不大。

受汛期水沙条件及水库调度等的影响,与 2014 年 4 月地形相比,2014 年 10 月地形变化较大。其中,近坝段地形受水库泄流及调度的影响,横断面呈现不规则形状,存在明显的滑塌现象,如 HH03—HH08 以下库段;断面 HH09—HH18 库段以淤积为主,其中 HH09—HH16 库段淤积最为严重,全断面较大幅度地淤积抬高,如距坝 16.39 km 处的 HH11 断面主槽抬升 4.85 m 以上;HH19—HH42 库段以冲刷为主,其中 HH19—HH23 库段以及 HH28 以上库段出现明显滩槽,HH42—HH50 库段以淤积为主,HH52 断面以上库段,地形变化较小。

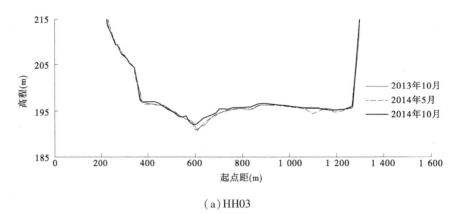

（a）HH03

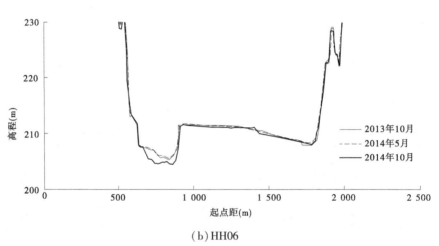

（b）HH06

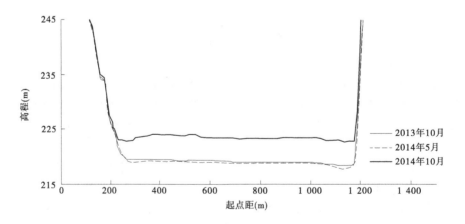

（c）HH11

图 1-34 典型横断面套绘

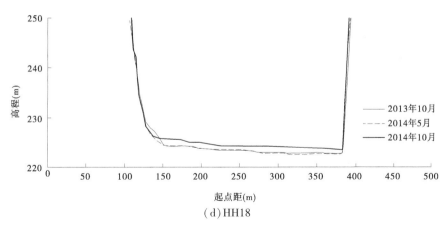

(d) HH18

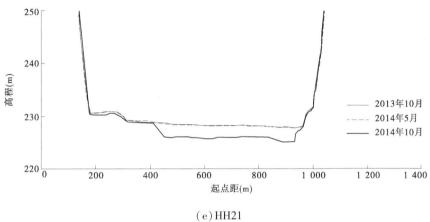

(e) HH21

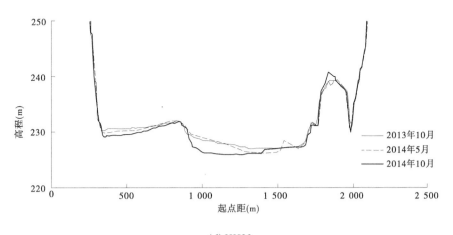

(f) HH23

续图 1-34

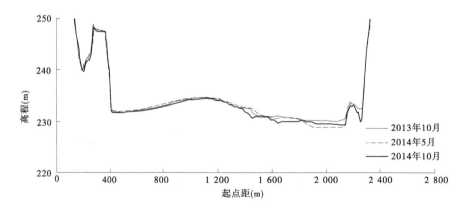

（g）HH33（1）

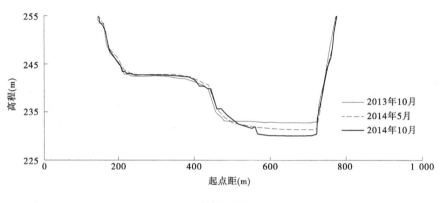

（h）HH38

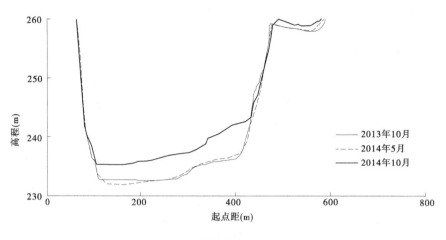

（i）HH44

续图 1-34

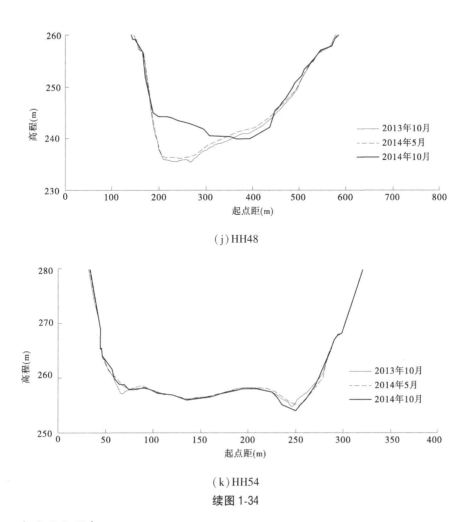

（j）HH48

（k）HH54

续图 1-34

2. 支流淤积形态

支流倒灌淤积过程与河道地形条件（支流口门的宽度）、干支流交汇处干流的淤积形态（有无滩槽或滩槽高差，河槽远离或贴近支流口门）、来水来沙过程（流量、含沙量大小及历时）等密切相关。随干流滩面的抬高，支流沟口淤积面同步上升，支流淤积形态取决于沟口处干流的淤积面高程。干流浑水倒灌支流，并沿程落淤，表现出支流沟口淤积较厚，沟口以上淤积厚度沿程减少。

图 1-35、图 1-36 为部分支流纵、横断面的套绘。非汛期，由于淤积物的密实而表现为淤积面有所下降；汛期，随着库区泥沙淤积增多，三角洲顶点不断下移，位于干流三角洲洲面的支流明流倒灌机会增加。2014 年汛期，小浪底水库入库沙量相对较少，仅有 1.390亿 t，支流相应淤积也较少，而且支流泥沙淤积集中在沟口附近，支流纵剖面呈现一定的倒坡，出现明显拦门沙坎或拦门沙坎进一步加剧。如 2014 年 10 月，畛水沟口对应干流滩面高程为 223.14 m，而畛水 4 断面仅 213.94 m，高差达到 9.20 m。西阳河、东洋河、沇西河均出现不同程度的拦门沙坎。

横断面表现为平行抬升，各断面抬升比较均匀。

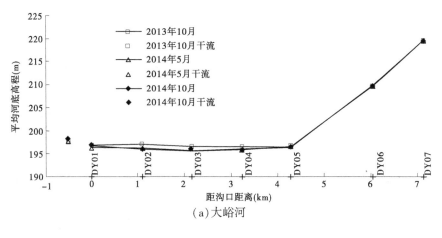

(a)大峪河

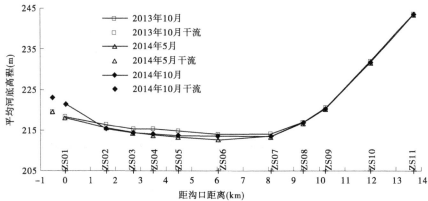

(b)畛水

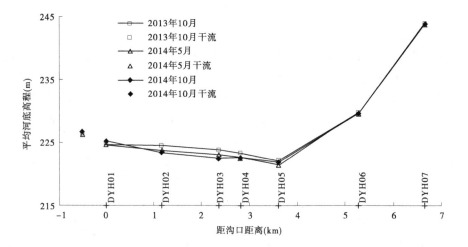

(c)东洋河

图 1-35　典型支流纵断面

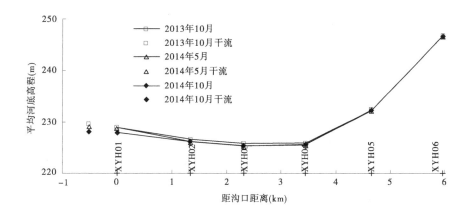

（d）西阳河

续图 1-35

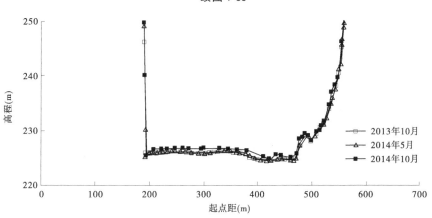

（a）东洋河 1 断面

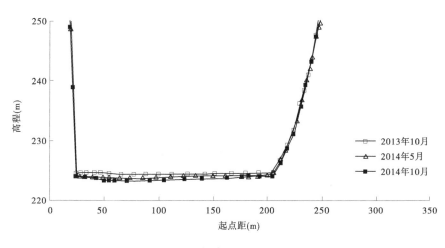

（b）东洋河 2 断面

图 1-36　典型支流横断面

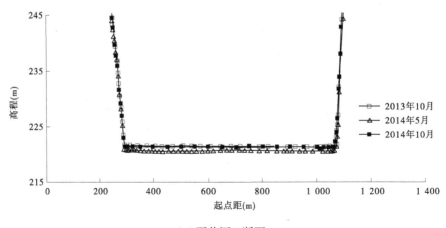

（c）石井河 2 断面

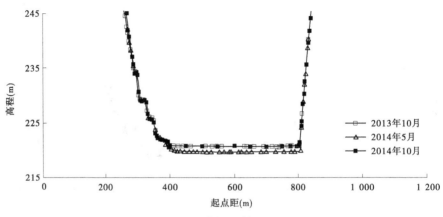

（d）石井河 3 断面

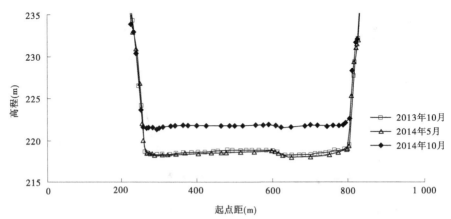

（e）畛水 1 断面

续图 1-36

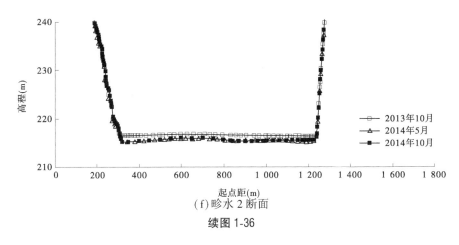

(f)畛水 2 断面

续图 1-36

(三)库容变化

至 2014 年 10 月,小浪库水库 275 m 高程下总库容为 96.734 亿 m³,其中干流库容为 50.086 亿 m³,支流库容为 46.648 亿 m³(见表 1-19 及图 1-37)。起调水位 210 m 高程以下库容为 1.595 亿 m³;汛限水位 230 m 以下库容为 10.879 亿 m³。

表 1-19 2014 年 10 月小浪底水库库容 （单位:亿 m³）

高程(m)	干流	支流	总库容	高程(m)	干流	支流	总库容
190	0.016	0.001	0.017	235	8.450	8.144	16.594
195	0.091	0.024	0.115	240	12.359	11.225	23.584
200	0.243	0.171	0.414	245	16.743	14.789	31.532
205	0.494	0.419	0.913	250	21.491	18.837	40.328
210	0.858	0.737	1.595	255	26.545	23.359	49.904
215	1.356	1.203	2.559	260	31.937	28.370	60.307
220	2.089	2.182	4.271	265	37.681	33.907	71.588
225	3.239	3.594	6.833	270	43.750	39.983	83.733
230	5.353	5.526	10.879	275	50.086	46.648	96.734

五、黄河下游河道冲淤演变

2014 年小浪底水库年出库水量 218.46 亿 m³,水库排沙 0.269 亿 t,且全部集中于汛期;位于小浪底水文站下游的支流伊洛河黑石关水文站和沁河武陟水文站,年水量分别为 10.42 亿 m³ 和 3.40 亿 m³。全年进入下游(小浪底、黑石关、武陟之和,下同)水、沙量分别为 232.28 亿 m³ 和 0.269 亿 t。东平湖全年未向黄河排水。

(一)洪水特点及冲淤情况

1. 洪水特点

2014 年花园口断面出现 2 场洪水,其中流量超过 3 000 m³/s 洪水仅 1 场,即调水调

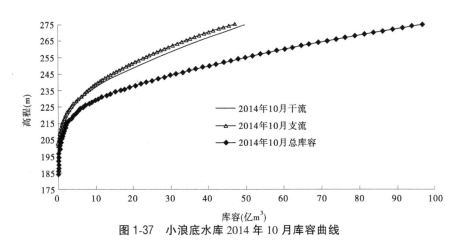

图 1-37　小浪底水库 2014 年 10 月库容曲线

沙洪水。

该场洪水自 2014 年 6 月 29 日 8 时至 7 月 9 日 0 时,历时 9.6 d,小浪底水库出库最大流量 3 850 m³/s,最大含沙量 69.4 kg/m³,花园口洪峰流量 3 990 m³/s。随着沿程引水和洪水波的坦化,洪峰流量沿程减小,到达高村时为 3 490 m³/s,到达利津时只有 3 150 m³/s。最大含沙量在小花间减小明显,由小浪底的 69.4 kg/m³ 减小至花园口的 22.2 kg/m³,到达泺口时为 25.3 kg/m³,表明含沙量从花园口到泺口河段还有所增大,到达利津时,又减小到 19.6 kg/m³(见表 1-20)。

表 1-20　2014 年调水调沙洪水特征值

水文站	最大流量 (m³/s)	相应时间 (年-月-日 T 时:分)	相应水位 (m)	最大含沙量 (kg/m³)	相应时间 (年-月-日 T 时:分)
小浪底	3 850	2014-07-01T12:48	136.78	69.4	2014-07-06T05:00
花园口	3 990	2014-07-02T22:00	91.97	22.2	2014-07-07T17:36
夹河滩	3 760	2014-07-03T16:42	75.19	25.3	2014-07-08T20:00
高村	3 490	2014-07-04T20:00	61.41	22.5	2014-07-10T14:00
孙口	3 360	2014-07-05T07:00	47.52	21.8	2014-07-11T02:00
艾山	3 300	2014-07-05T19:06	40.41	24.1	2014-07-11T02:00
泺口	3 200	2014-07-06T04:30	29.70	25.3	2014-07-11T14:00
利津	3 150	2014-07-07T04:00	12.75	19.6	2014-07-12T20:00

2. 洪水冲淤

2014 年 6 月 29 日 8 时至 7 月 9 日 0 时,相应进入下游(小、黑、武三站之和)总水量 23.39 亿 m³,总沙量 0.259 亿 t,入海总水量 20.91 亿 m³,入海总沙量 0.199 亿 t。在计算调水调沙洪水的冲淤量时,考虑到洪水传播及沙峰滞后现象,为客观反映洪水期间各河段的冲淤,将洪水结束的时间延长至 7 月 15 日(小浪底时间),同时将洪水划分为清水段和浑水段,其中清水段小浪底时间为 6 月 29 日至 7 月 4 日,历时 6 d(见图 1-38),浑水段为

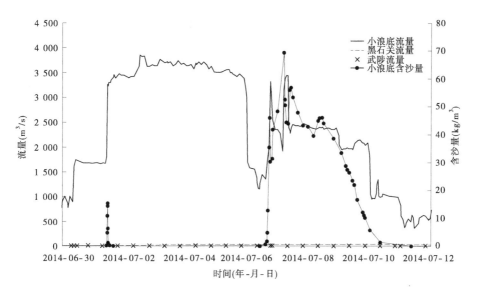

（a）小浪底、黑石关和武陟

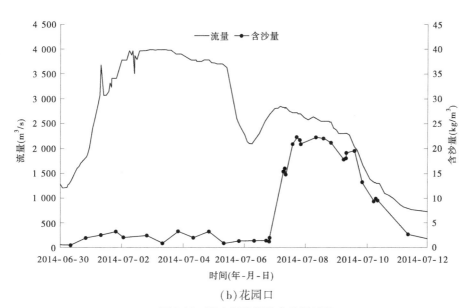

（b）花园口

图 1-38　调水调沙期洪水传播过程

7月5—15日，历时11 d。计算表明，清水段黄河下游各河段均为冲刷，西霞院—利津共冲刷0.127亿 t（见表1-21），其中花园口—艾山冲刷量较大；浑水段西霞院水库淤积0.114亿 t，西霞院—花园口淤积0.020亿 t，花园口—夹河滩和高村—孙口接近冲淤平衡，夹河滩—高村和孙口—艾山冲刷，泺口—利津淤积，西霞院—利津总体冲淤平衡（见表1-22）。整个调水调沙期，除了泺口—利津接近冲淤平衡外，其他河段均显示为冲刷，共冲刷0.127亿 t（见表1-23）。

表 1-21　调水调沙洪水清水段水沙量及河段冲淤量

水文站	开始时间（年-月-日）	历时（d）	水量（亿 m³）	沙量（亿 t）	水库或河段	河段引沙量（亿 t）	河段冲淤量（亿 t）
小浪底	2014-06-29	6	15.94	0.001	西霞院水库	0	0.001
西霞院	2014-06-29	6	16.38	0			
黑石关	2014-06-29	6	0.12	0			
武陟	2014-06-29	6	0.01	0			
进入下游			16.51	0	西霞院—花园口	0	-0.044
花园口	2014-06-30	6	16.89	0.044	花园口—夹河滩	0.006	-0.013
夹河滩	2014-06-30	6	14.81	0.051	夹河滩—高村	0.003	-0.018
高村	2014-07-01	6	13.99	0.066	高村—孙口	0	-0.016
孙口	2014-07-02	6	14.00	0.082	孙口—艾山	0	-0.018
艾山	2014-07-03	6	14.10	0.100	艾山—泺口	0.004	-0.005
泺口	2014-07-03	6	13.50	0.101	泺口—利津	0	-0.013
利津	2014-07-04	6	13.90	0.114	西霞院—利津	0.013	-0.127
东平湖入黄	2014-07-03	6	0	0			

注：西霞院—利津不包括西霞院水库，下同。

表 1-22　调水调沙洪水浑水段水沙量及河段冲淤量

水文站	开始时间（年-月-日）	历时（d）	水量（亿 m³）	沙量（亿 t）	水库或河段	河段引沙量（亿 t）	河段冲淤量（亿 t）
小浪底	2014-07-05	11	11.27	0.268	西霞院水库	0	0.114
西霞院	2014-07-05	11	12.16	0.154			
黑石关	2014-07-05	11	0.25	0			
武陟	2014-07-05	11	0.01	0			
进入下游		11	12.42	0.154	西霞院—花园口	0	0.020
花园口	2014-07-06	11	12.58	0.134	花园口—夹河滩	0	0.003
夹河滩	2014-07-06	11	13.53	0.131	夹河滩—高村	0.014	-0.013
高村	2014-07-07	11	12.06	0.130	高村—孙口	0.013	0.002
孙口	2014-07-08	11	10.73	0.115	孙口—艾山	0.017	-0.025
艾山	2014-07-09	11	9.17	0.123	艾山—泺口	0	-0.006
泺口	2014-07-09	11	9.84	0.129	泺口—利津	0.012	0.019
利津	2014-07-10	11	8.76	0.098	西霞院—利津	0.056	0
东平湖入黄	2014-07-10	11	0	0			

表 1-23　调水调沙洪水水沙量及河段冲淤量

水文站	开始时间（年-月-日）	历时（d）	水量（亿 m³）	沙量（亿 t）	水库或河段	河段引沙量（亿 t）	河段冲淤量（亿 t）
小浪底	2014-06-29	17	27.21	0.269	西霞院水库	0	0.115
西霞院	2014-06-29	17	28.54	0.154			
黑石关	2014-06-29	17	0.37	0			
武陟	2014-06-29	17	0.02	0			
进入下游			28.93	0.154	西霞院—花园口	0	-0.024
花园口	2014-06-30	17	29.47	0.178	花园口—夹河滩	0.006	-0.010
夹河滩	2014-06-30	17	28.34	0.182	夹河滩—高村	0.017	-0.031
高村	2014-07-01	17	26.05	0.196	高村—孙口	0.013	-0.014
孙口	2014-07-02	17	24.73	0.197	孙口—艾山	0.017	-0.043
艾山	2014-07-03	17	23.27	0.223	艾山—泺口	0.004	-0.011
泺口	2014-07-03	17	23.34	0.230	泺口—利津	0.012	0.006
利津	2014-07-04	17	22.66	0.212	西霞院—利津	0.069	-0.127
东平湖入黄	2014-07-03	17	0	0			

(二)下游河道冲淤变化

1.利用断面法计算的冲淤量

根据黄河下游河道 2013 年 10 月、2014 年 4 月和 2014 年 10 月三次统测大断面资料，计算分析了 2014 年非汛期和汛期各河段的冲淤量(见表 1-24)。

表 1-24　2014 运用年下游河道断面法冲淤量计算成果　　　　　　(单位:亿 m³)

河段	非汛期 2013 年 10 月至 2014 年 4 月	汛期 2014 年 4—10 月	运用年 2013 年 10 月至 2014 年 10 月	占全下游比例（%）
西霞院—花园口	-0.353	0.132	-0.221	24
花园口—夹河滩	-0.195	-0.175	-0.370	40
夹河滩—高村	-0.137	-0.001	-0.138	15
高村—孙口	-0.011	-0.114	-0.125	13
孙口—艾山	0.017	-0.010	0.007	-1
艾山—泺口	0.022	-0.008	0.014	-2
泺口—利津	-0.016	-0.060	-0.076	8
利津—汊 3	0.010	-0.032	-0.022	2
西霞院—高村	-0.685	-0.044	-0.729	78

河段	非汛期	汛期	运用年	占全下游比例（%）
	2013 年 10 月至 2014 年 4 月	2014 年 4—10 月	2013 年 10 月至 2014 年 10 月	
高村—艾山	0.006	-0.124	-0.118	13
艾山—利津	0.006	-0.068	-0.062	7
西霞院—利津	-0.673	-0.236	-0.909	98
西霞院—汊 3	-0.663	-0.268	-0.931	100
占运用年比例(%)	71	29	100	

全年汊 3 以上河段共冲刷 0.931 亿 m^3（主槽,下同）,其中非汛期和汛期分别冲刷 0.663 亿 m^3 和 0.268 亿 m^3,71% 的冲刷量集中在非汛期。从冲淤沿程分布看,非汛期具有"上冲下淤"的特点,高村以上河道冲刷,高村—孙口河段接近冲淤平衡,孙口以下河段总体淤积;汛期西霞院—花园口河道淤积,花园口—利津各河段均为冲刷。就整个运用年来看,孙口—泺口河段微淤,冲刷主要发生在孙口以上河段。

从图 1-39 给出的 2014 年 4—10 月利用断面法计算的沿程累计冲淤量。花园口以上河段的淤积量集中在伊洛河口—花园口长 58.5 km 的河段。之所以会淤积在此河段,与该河段目前的河势有很大关系,伊洛河口—花园口宽浅散乱,在 32 个统测断面中,有 15 个是两股河(见表 1-25),和伊洛河口以上的单一断面相比,这些断面显得十分宽浅,在水库排沙期间比较容易发生淤积。

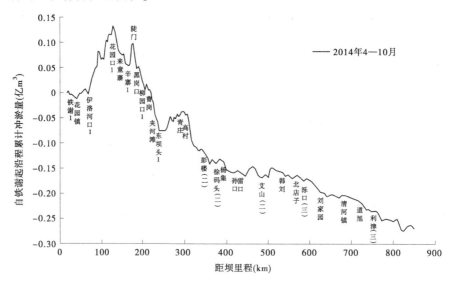

图 1-39　2014 年 4—10 月断面法沿程累计冲淤量

表 1-25　伊洛河口—花园口 2014 年汛后断面分汊数

序号	断面	河股数	冲淤面积 (m²)	序号	断面	河股数	冲淤面积 (m²)
1	伊洛河口 1	2	27	17	方陵		393
2	东小关	2	1 269	18	寨子峪	2	−645
3	沙鱼沟		215	19	吴小营		570
4	朱家庄		−31	20	磨盘顶	2	376
5	十里铺东		775	21	张沟	2	1 505
6	口子	2	−86	22	秦厂 2		779
7	小马村		656	23	桃花峪		−92
8	孤柏嘴 2		−36	24	邙山	2	29
9	寨上	2	136	25	老田庵	2	780
10	西岩	2	−85	26	何营		−284
11	驾部		550	27	张菜园		144
12	罗村坡 1		1 731	28	西牛庄	2	−13
13	槽沟		312	29	东风渠	2	−20
14	枣树沟	2	−383	30	岗李	2	85
15	官庄峪		−339	31	李庄		1 360
16	解村	2	−225	32	花园口 1		−158

2. 利用沙量平衡法计算的冲淤量

采用逐日平均流量和输沙率资料计算各河段的冲淤量。计算中应考虑以下情况：

（1）小浪底水库运用以来每年的第 1 场调水调沙洪水在 7 月之前开始。

（2）断面法施测时间在每年的 4 月和 10 月。

为了与断面法计算冲淤量的时段一致，改变以往将 7—10 月作为汛期的统计方法，以和断面法测验日期一致的时段（4 月 16 日至 10 月 15 日）进行统计，同时考虑了洪水演进的时间，考虑了河段引沙量。计算结果表明，非汛期（2013 年 10 月 14 日至 2014 年 4 月 15 日）西霞院—利津河段共冲刷 0.162 亿 t，汛期（2014 年 4 月 16 日至 10 月 15 日）西霞院—利津河段共冲刷 0.233 亿 t。整个运用年西霞院—利津以上共冲刷 0.395 亿 t（见表 1-26）。调水调沙期间下游冲刷 0.127 亿 t，占站汛期冲刷量的 55% 和运用年冲刷量的 32%。

表 1-26　利用沙量平衡法计算的冲淤量　　　　　　　　　（单位：亿 t）

河段	非汛期	汛期	运用年
西霞院水库	0	0.115	0.115
西霞院—花园口	−0.097	−0.078	−0.175
花园口—夹河滩	−0.038	−0.048	−0.086
夹河滩—高村	−0.089	−0.081	−0.170
高村—孙口	0.0040	−0.002	0.002
孙口—艾山	−0.026	−0.083	−0.109
艾山—泺口	0.044	0.029	0.073
泺口—利津	0.04	0.03	0.070
西霞院—利津	−0.162	−0.233	−0.395

3. 西霞院—花园口河段冲淤量的合理性分析

按照沙量平衡法计算,2014 年小浪底水库排沙期间(2014 年 7 月 5—15 日),小浪底水文站的沙量为 0.269 亿 t,西霞院水文站的沙量为 0.154 亿 t,西霞院水库计算为淤积 0.115 亿 t,大约为 0.1 亿 m³;花园口水文站的沙量为 0.134 亿 t,西霞院—花园口河段计算为淤积 0.02 亿 t。根据断面法计算,西霞院—花园口淤积 0.132 亿 m³。西霞院—花园口的淤积量计算采用断面法和沙量平衡法差别很大。

分析认为,断面法计算的 2014 年汛期西霞院—花园口河段淤积 0.132 亿 m³ 是相对合理的。

首先,小浪底水库排沙期间,西霞院水库发生大量淤积的可能性不大,因为一是小浪底水文站的最大含沙量(洪水要素表)只有 69.4 kg/m³,时段平均含沙量只有 23.8 kg/m³,含沙量较低;二是小浪底水库排沙期间,西霞院水库坝前水位先后降低到 129.67~127.19 m(见图 1-40),对应库容为 0.331 亿 m³ 和 0.105 亿 m³(见图 1-41),西霞院水库发生 30%~100%库容被淤的可能性不大。也就是说,西霞院水文站 0.154 亿 t 严重偏小,是不合理的。

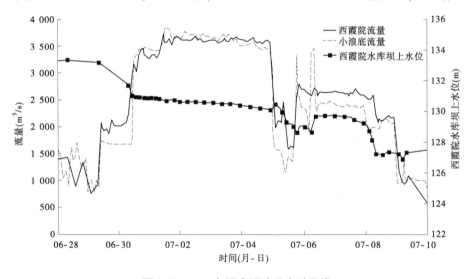

图 1-40　2014 年调水调沙洪水过程线

其次,2014 年 4—10 月两次大断面统测结果显示,西霞院—花园口河段的淤积量,主要集中在伊洛河口—花园口约 60 km 长的河段。图 1-39 给出的沿程累计过程线显示,伊洛河口—花园口之间的绝大多数断面是淤积的,而不是个别断面。2013 年河势和断面套绘均表明,伊洛河口—花园口河段宽浅散乱,发生两股河甚至三股河。有 50%的断面为两股河甚至三股河,这种特点的河道对水流的阻力大,水流流速小。小浪底水库排沙期间,沟沟汊汊发生淤积。小浪底水库排沙过后,流量变小,水位降低,水流可能直走一股河,无法冲刷排沙期发生在其他汊沟的淤积,从而表现为 4—10 月期间该河段为净淤积。

类似的情况还有 2012 年。2012 年,按沙量平衡法计算,西霞院—花园口河段冲刷 0.105 亿 t。按照断面法计算,西霞院—花园口河段淤积 0.116 亿 m³。两种计算法定性不一致,差别很大。2012 年汛期的沿程累计冲淤量显示,发生淤积的河段大体为花园镇—伊洛河口河段(见图 1-42),局部淤积十分严重,河段平均淤积厚度超过了 0.40 m。河道

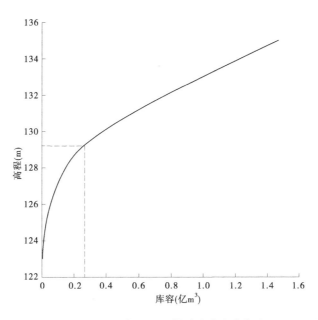

图 1-41　2014 年汛后西霞院水库库容曲线

宽浅是发生淤积的原因之一,这和 2014 年排沙期的情况十分相似。

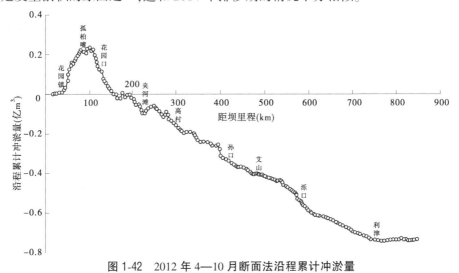

图 1-42　2012 年 4—10 月断面法沿程累计冲淤量

4. 自 1999 年汛后下游各河段冲淤变化

自 1999 年 10 月小浪底水库投入运用到 2014 年汛后,全下游主槽共冲刷 19.329 亿 m³,其中利津以上冲刷 18.629 亿 m³,冲刷主要集中在夹河滩以上河段,夹河滩以上河段长度虽占全下游的 26%,而冲刷量相对多为 11.321 亿 m³,占全下游的 59%;夹河滩以下河段长度占全下游的 74%,但冲刷量相对少,为 8.008 亿 m³,只占全下游的 41%,冲刷上多下少,沿程分布很不均匀。从 1999 年汛后至 2014 年汛后黄河下游各河段主槽冲淤面积看,夹河滩以上河段超过了 4 000 m²,而艾山以下尚不到 1 000 m²,表明各河段的冲淤强度上大下小,差别很大(见图 1-43)。

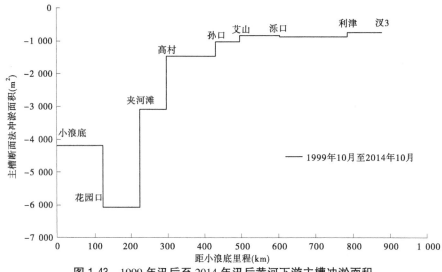

图 1-43 1999 年汛后至 2014 年汛后黄河下游主槽冲淤面积

(三)河道排洪能力变化

1. 水文站断面水位变化

2014 年调水调沙洪水和上年同期(2013 年汛前调水调沙)洪水相比,除了花园口水文站 3 000 m³/s 流量相应水位抬升 0.21 m 外,其他站的水位均是下降的,同流量水位降幅明显的水文站有夹河滩(下降 0.22 m)、孙口(下降 0.18 m)、艾山(下降 0.25 m)和利津(下降 0.24 m),水文站高村和泺口的同流量水位降幅相对较小,只有不到 0.10 m(见图 1-44)。

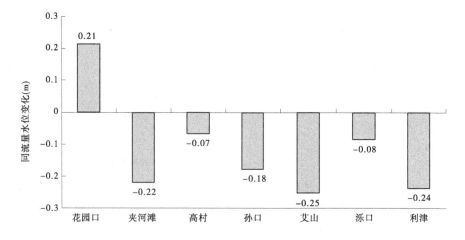

图 1-44 2014 年调水调沙洪水和上年同期洪水相比水位变化

花园口断面同流量水位不降反升,与该断面所在河段近期不利的河势变化和断面形态变化有关。2011 年汛前,该河段主流单一,靠右岸行河。经了解,大约 2011 年汛期开始,河势变得散乱,附近的破车庄断面左岸塌滩,主流向左岸摆动,在 2013 年形成了两股河,到2014年汛后形成了三股河,主流走中间(见图1-45、图1-46)。河势的不利变化,使得流路延长,减小了水面比降,同时,塌滩使断面变得宽浅。两方面的作用,使水流阻力增大,断面的平均流速不断降低(见图1-47),引起水位抬升。实际上该河段近期是冲刷的(见图1-48),引起水位抬升的原因,不是河道发生了淤积。

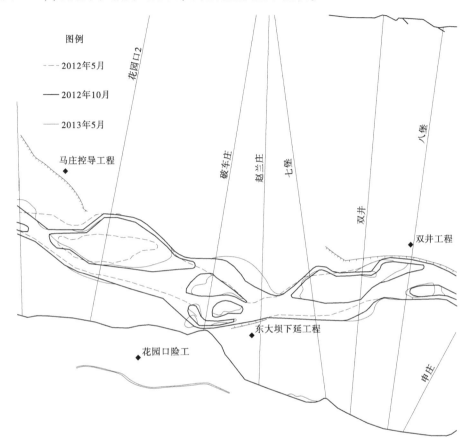

图1-45 花园口附近近期河势变化

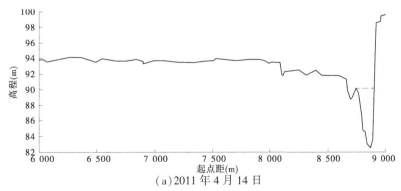

(a)2011年4月14日

图1-46 近年破车庄断面演变过程

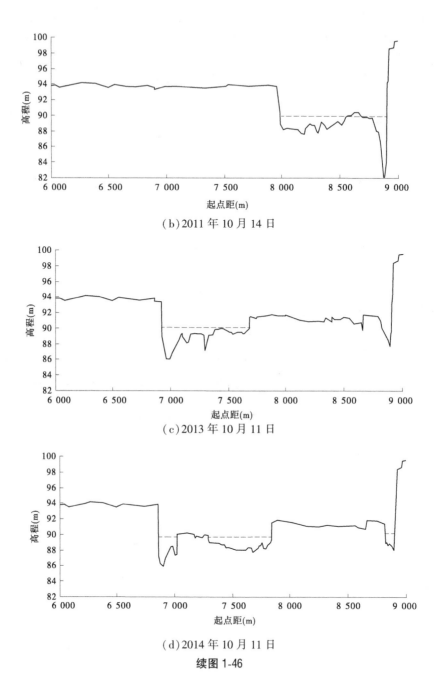

（b）2011 年 10 月 14 日

（c）2013 年 10 月 11 日

（d）2014 年 10 月 11 日

续图 1-46

　　2014 年调水调沙洪水和 1999 年洪水相比,各水文站同流量($3\,000\ \mathrm{m^3/s}$)的水位均明显下降,其中花园口、夹河滩和高村的降低幅度最大,超过了 2 m,其次为孙口、艾山和泺口,降低幅度在 1.70~1.75 m,利津降幅最小,为 1.47 m(见图 1-49)。

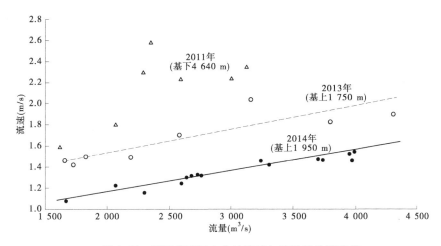

图 1-47 近期花园口水文站流速与流量的关系变化

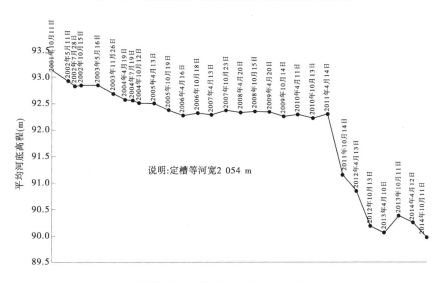

图 1-48 破车庄断面平均河底高程变化

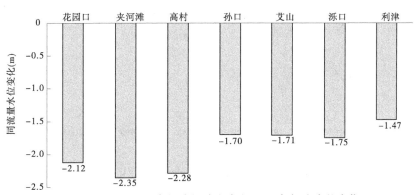

图 1-49 2014 年调水调沙洪水和 1999 年相比水位变化

由黄河下游花园口—利津7个水文站的同流量(3 000 m³/s)水位分析,2014年调水调沙涨水期的水位,花园口的已降至1965—1966年的水平,夹河滩的已降至1969—1970年的水平,高村的降至1971—1972年的水平,孙口的降至1987年的水平,艾山的也降至1986—1987年的水平,泺口降至1986年的水平,利津为1985年的水平(见图1-50)。

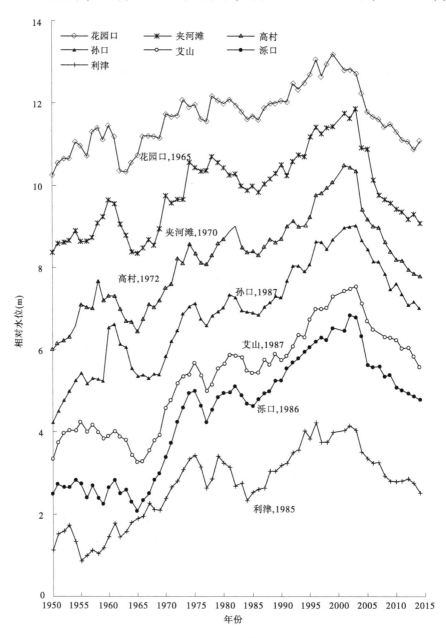

图1-50 黄河下游水文站3 000 m³/s水位变化过程

2.平滩流量变化

利用水位—流量关系线,对照当年当地平均滩唇高程和各水文站的设防流量,确定出各水文站的警戒水位和设防水位。各水文站的平滩流量分别为 7 200 m³/s(花园口)、6 800 m³/s(夹河滩)、6 100 m³/s(高村)、4 350 m³/s(孙口)、4 250 m³/s(艾山)、4 600 m³/s(泺口)和 4 650 m³/s(利津)。2015 年汛初和上年同期相比,夹河滩增大了 300 m³/s。相对而言,孙口和艾山的警戒水位相应流量最小(见表 1-27)。

表 1-27　黄河下游主要控制站 2015 年设防、警戒水位及相应流量

参数	花园口	夹河滩	高村	孙口	艾山	泺口	利津
滩唇高程(m)	93.85	77.05	63.2	48.65	41.65	31.4	14.24
平滩流量(m³/s)	7 200	6 800	6 100	4 350	4 250	4 600	4 650
增加(m³/s)	0	300	0	0	0	0	0

经查勘调研和分析论证,黄河下游各河段平滩流量为:花园口以上河段一般大于 6 500 m³/s;花园口—高村为 6 000 m³/s 左右;高村—艾山以及艾山以下均在 4 200 m³/s 及以上。在不考虑生产堤的挡水作用时,孙口上下的彭楼(二)—陶城铺河段为主槽平滩流量最小的河段,平滩流量较小的河段为于庄(二)断面附近、徐沙洼—伟那里河段、路那里断面附近,最小平滩流量为 4 200 m³/s(见图 1-51)。

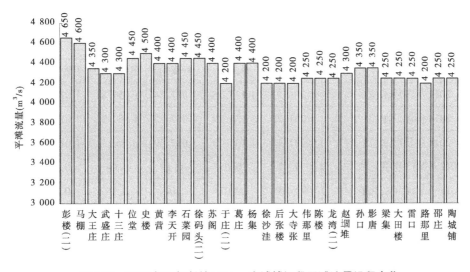

图 1-51　2015 年汛初彭楼(二)—陶城铺河段平滩流量沿程变化

六、近两年宁蒙河道冲淤分析

经 2012 年漫滩洪水以后,2013 年、2014 年宁蒙河段河道发生了变化,特别是内蒙古局部河段持续淤积。

(一)河道冲淤变化

根据沙量平衡法计算,2013 年宁蒙河段下河沿—头道拐共淤积 216 万 t,其中宁夏下河沿—石嘴山冲刷 770 万 t,内蒙古石嘴山—头道拐淤积 986 万 t;2014 年宁蒙河段淤积 1 163 万 t,宁夏河段冲刷 775 万 t(见表 1-28),内蒙古河段淤积 388 万 t。2013—2014 年

石嘴山—巴彦高勒河段淤积量大,可能与区间海勃湾水利枢纽运用有关。海勃湾水利枢纽位于黄河干流内蒙古自治区乌海市境内,工程左岸为乌兰布和沙漠,右岸为内蒙古新兴工业城市乌海市,下游87 km为已建的内蒙古三盛公水利枢纽。2010年11月26日海勃湾水利枢纽导流明渠工程竣工,2014年2月12日,海勃湾水利枢纽工程开始分凌下闸蓄水。

表1-28　2013—2014年宁蒙河段冲淤量　　　　　　　　　(单位:万t)

年份	下河沿—青铜峡	青铜峡—石嘴山	石嘴山—巴彦高勒	巴彦高勒—三湖河口	三湖河口—头道拐	下河沿—头道拐	下河沿—石嘴山	石嘴山—头道拐
2013	535	-1 305	3 972	-3 082	96	216	-770	986
2014	135	-910	2 782	-1 493	-127	388	-775	1 163
合计	670	-2 215	6 754	-4 575	-31	604	-1 545	2 149

注:2014年没有引沙、支流来沙、灌区排水沟排沙。

(二)水位变化

2012年洪水过后,内蒙古河段持续淤积,与2012年汛后同流量(1 000 m³/s)水位变化相比,2014年汛后同流量(1 000 m³/s)水位,石嘴山和头道拐的分别下降0.15 m和0.08 m,巴彦高勒和三湖河口的均上升约0.2 m(见表1-29)。

表1-29　宁蒙河道同流量(1 000 m³/s)水位变化　　　　　　(单位:m)

水位参数	下河沿	青铜峡	石嘴山	巴彦高勒	三湖河口	头道拐
2012年汛后水位	1 231.23	1 135.25	1 087.54	1 050.88	1 018.95	987.50
2013年汛后水位	1 231.21	1 135.20	1 087.35	1 050.92	1 019.00	987.34
2014年汛后水位	1 231.18	1 135.13	1 087.39	1 051.1	1 019.15	987.42
2012—2013年变化值	-0.02	-0.05	-0.19	0.04	0.05	-0.16
2013—2014年变化值	-0.03	-0.07	0.04	0.18	0.15	0.08
2012—2014年变化值	-0.05	-0.12	-0.15	0.22	0.2	-0.08

注:"-"为下降值。

(三)河道断面变化

2015年5月在三湖河口—昭君坟实测了部分断面(见图1-52),与2012年10月相比,三湖河口以下36 km处黄断46和51.4 km处黄断50发生淤积。

七、黄河下游清水冲刷期宽河道塌滩模式及其影响

2000—2014年,小浪底水库年内绝大部分时间下泄清水,排沙时多为异重流排沙,出库泥沙的粒径很小。15个运用年花园口的年均含沙量为1.2~8.1 kg/m³,平均为3.9 kg/m³。

受小浪底水库下泄清水影响,黄河下游河道发生冲刷。从1999年汛后至2014年汛后黄河下游各河段主槽冲淤面积看,夹河滩以上河段超过了4 000 m²,艾山以下尚不到

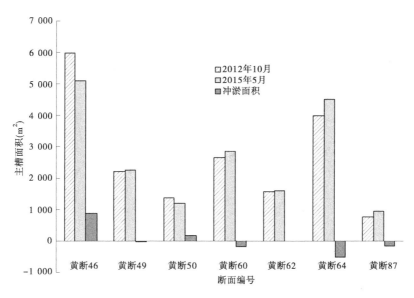

图 1-52 宁蒙河段实测大断面变化

1 000 m², 各河段的冲淤强度上大下小, 差别很大。从水文站的 3 000 m³/s 水位变化看, 花园口、夹河滩和高村的降低幅度大, 超过了 2 m, 其次为孙口、艾山和泺口, 降低幅度为 1.70~1.75 m, 利津降幅最小, 为 1.47 m, 山东河道的同流量水位降幅明显小于其上游的宽河道。从沿程平滩流量看, 花园口以上河段一般大于 6 500 m³/s, 花园口—高村 6 000 m³/s 左右, 高村—艾山以及艾山以下均为 4 200~4 650 m³/s。

因此, 研究如何扩大下游窄河段断面, 减小上游宽河道的冲刷, 使下游河道的冲刷在纵向上更均衡一些, 从而整体提高下游河道的排洪能力, 具有重要的现实意义。

(一)展宽特点分析

根据宽河道不同断面的冲刷和展宽特点, 可将其分为三类:Ⅰ类为稳定断面, 没有展宽和主槽摆动发生, 在花园口—夹河滩河段的 11 个断面中, 来童寨是唯一的稳定断面;Ⅱ类为较稳定断面, 不但发生主槽冲深, 还有展宽, 但没有主槽摆动发生, 在花园口—夹河滩河段的 11 个断面中, 有八堡等 4 个断面属于此类断面;Ⅲ类断面不但发生主槽冲深、断面展宽, 还发生摆动, 在花园口—夹河滩河段的 11 个断面中, 有花园口等 6 个断面属于此类断面(见表 1-30)。

表 1-30 花园口—夹河滩河段断面分类

花园口	八堡	来童寨	辛寨	黑石	韦城	黑岗口	柳园口	古城	曹岗	夹河滩
Ⅲ	Ⅱ	Ⅰ	Ⅲ	Ⅲ	Ⅱ	Ⅱ	Ⅲ	Ⅲ	Ⅱ	Ⅲ

图 1-53 为以来童寨、曹岗和花园口为代表的三种类型断面的最深点位置变化, 表 1-31 为据此统计的最深点的摆动幅度。作为稳定断面的代表, 来童寨的摆幅只有 549 m, 较稳定的曹岗断面摆幅为 1 104 m, 而最不稳定的花园口断面摆幅达 2 050 m, 分别是来童寨断面的近 2 倍和 4 倍。

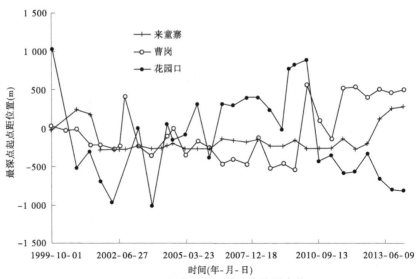

图 1-53 不同类型断面最深点位置变化

表 1-31 不同类型断面最深点位置摆幅

断面	来童寨	曹岗	花园口
最深点摆幅(m)	549	1 104	2 050

1. 第 I 类断面

稳定断面是指主槽的宽度几乎不发生变化。以来童寨断面为例(见图 1-54),小浪底水库运用以来,来童寨断面宽度基本上维持在 589 m。从 1999 年汛后到 2013 年汛后,来童寨断面河槽主要以下切为主,其面积由 1 256 m² 增加到 3 189 m²,增加了 1 933 m²。

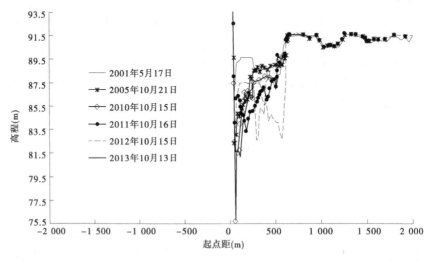

图 1-54 I 类断面(来童寨断面)

这类断面的冲刷强度明显小于 II 类河槽发生展宽及发生摆动的断面。例如,曹岗断面同期的主槽宽度由 574 m 增加到 1 248 m,展宽了 674 m,河槽面积增加了 2 636 m²;花园口断面槽宽由 912 m 增加到 3 838 m,展宽了 2 926 m,其间主槽发生摆动,河槽面积增加了 5 045 m²(见表 1-32)。可见,越是河槽窄深稳定的断面,冲刷量越少;越是不稳定的断面,冲刷量越大。

表 1-32 不同类型断面的河槽面积变化

断面	1999 年汛后面积(m²)	2013 年汛后面积(m²)	面积增加量(m²)	说明
来童寨	1 256	3 189	1 933	河槽宽度 589 m,几乎不变
曹岗	1 585	4 221	2 636	槽宽由 574 m 增加到 1 248 m,展宽了 674 m
花园口	2 994	8 039	5 045	槽宽由 912 m 增加到 3 838 m,展宽了 2 926 m

2. 第Ⅱ类断面

这类断面是指主槽摆动较小、主槽位置基本不变的断面。在冲刷时期,比较稳定断面会发生一定的塌滩展宽,以曹岗断面(在夹河滩水文站上游附近)为例(见图 1-55),此类断面的横断面变化具有如下特点:

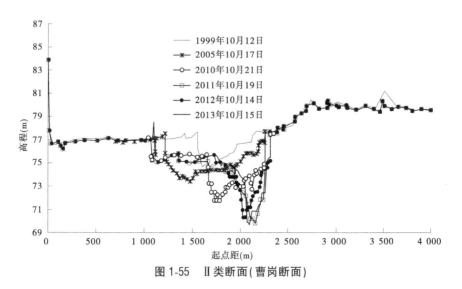

图 1-55 Ⅱ类断面(曹岗断面)

(1)初期塌滩展宽明显,之后趋缓。

曹岗断面在 1999 年 10 月的主槽宽为 574 m,随着冲刷的发展,不断通过塌滩的方式展宽,到 2007 年汛后,展宽为 1 161 m,增宽了 587 m,初期展宽显著。但之后展宽明显趋缓,从 2007 年汛后到 2013 年汛后,主槽宽度为 1 248 m,仅展宽 87 m(见图 1-56)。

(2)初期河槽面积及展宽面积比增加较快,之后稳定。

小浪底水库运用初期,曹岗断面河槽面积不断增大,如在 1999 年 10 月至 2006 年汛

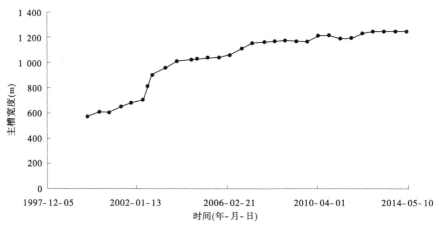

图 1-56 曹岗断面主槽宽度变化

后,累计面积增大到 1 340 m²,2007 年 10 月之后总的来说增加不大。展宽面积占全断面面积的比例在 1999 年汛后为 58%,2003 年汛后为 51%,总的来说呈减小的趋势(见图 1-57)。

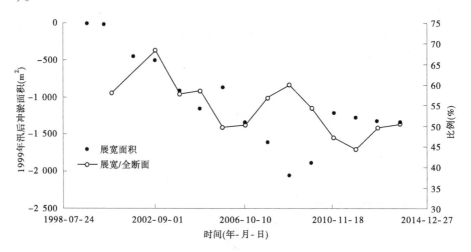

图 1-57 曹岗断面冲淤面积和展宽面积比例变化

3. 第Ⅲ类断面

这类断面是指最深点摆动很大,主槽经常移位的断面,如花园口断面。

这类断面变化有如下特点:

(1)横向摆动很大,以花园口断面为例,最深点位置 1999 年汛后在起点距 2 940 m 处,2013 年汛后则摆动至 1 102 m 处,最大摆幅达 2 000 m。

(2)主槽摆动的同时,此冲彼淤,往往某些地方淤积,某些地方发生冲刷,总的冲刷量仍比较大。如花园口断面从 1999 年汛后到 2013 年汛后,总的冲刷面积高达 5 045 m²,分别是来童寨断面和曹岗断面的 2.6 倍和 1.9 倍(见图 1-58)。

(3)展宽面积占全断面冲刷面积的比例较大,且没有随时间明显降低的趋势,花园口断面为 46%~65%,平均为 57%,2008 年以来为 61%上下(见图 1-59)。

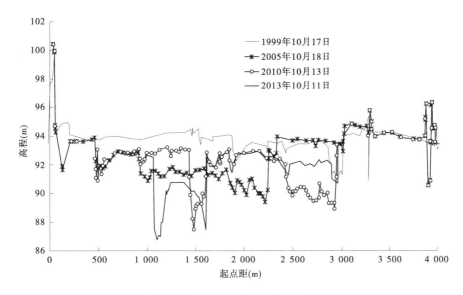

图 1-58　Ⅲ类断面(花园口断面)

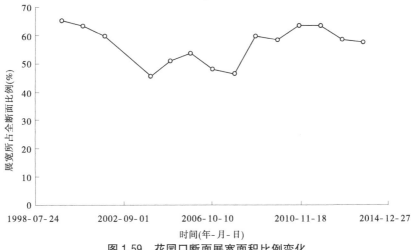

图 1-59　花园口断面展宽面积比例变化

(二)侧向冲淤规律

1.侧向淤积与展宽系数

河槽侧向淤积系数指河槽侧向淤积量占河槽总淤积量的比例,通常其值小于1,不过,1986—1999年伊洛河口以上河段的河槽侧向淤积系数大于1,是因为该河段深槽部分发生淤积。侧向淤积系数有沿程逐渐减小的趋势,宽河道的侧向淤积系数大于窄河道的。

侧向展宽系数是指侧向展宽量占全断面冲淤量的比例。高村以上河段的侧向展宽系数大于0.5,花园口—夹河滩河段的最大为0.6,孙口以下河段的则小于0.3,其中艾山—泺口河段的只有0.05,泺口—利津河段的为0,说明在清水冲刷时期,山东河道的冲刷几乎全部集中于主槽。同一河段,侧向淤积系数大于侧向展宽系数,是因为淤积的范围较大,而侧向冲刷的范围相对较小。河槽侧向淤积和侧向展宽量占河槽冲淤量的比例见

表1-33。作为对比,表中还列出了淤积缩窄时期侧向淤积系数。

表1-33 河槽侧向淤积和侧向展宽量占河槽冲淤量的比例

河段	淤积缩窄时期侧向淤积系数(1986-10—1999-10)	冲刷展宽时期侧向展宽系数(1999-10—2013-10)
伊洛河口以上	1.07	0.56
伊洛河口—花园口	0.77	0.57
花园口—夹河滩	0.87	0.60
夹河滩—高村	0.79	0.53
高村—孙口	0.59	0.50
孙口—艾山	0.33	0.28
艾山—泺口	0.27	0.05
泺口—利津	0.26	0

2. 河宽变化与冲淤面积的关系

对于艾山以上河道,无论是淤积缩窄时期,还是冲刷展宽时期,河宽变化 ΔB 与河段平均冲淤面积 ΔA 有如下二次关系:

$$\Delta B = \alpha \Delta A^2 + \beta \Delta A$$

式中:ΔB 为与淤积起始河宽相比的河宽变化,m;ΔA 为单位河长的冲淤量,即冲淤面积,m^2;α、β 均为系数。淤积时期随着河道淤积的发展,河宽变窄,ΔB 为负数;冲刷时期随着冲刷量的增大,河宽增大,ΔB 为正(见图1-60、图1-61)。

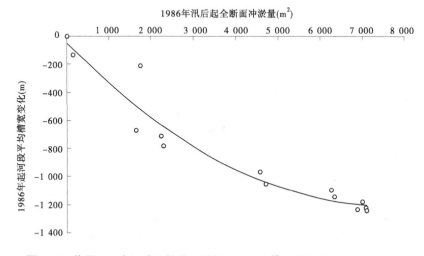

图1-60 花园口—夹河滩河段淤积时期河段平均槽宽变化与冲淤量的关系

各河段的差别在于其中的系数 α 和 β 的不同。

对于艾山以下河段,淤积缩窄时期河宽变化 ΔB 与河段平均冲淤面积 ΔA 呈线性关系(也可视为二次项系数为0的二次关系);泺口—利津河段冲刷展宽时期河宽不随冲刷面

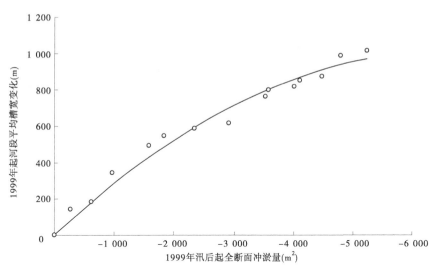

图 1-61　花园口—夹河滩冲刷时期河段平均槽宽变化与冲淤量的关系

积发生变化。

不同河段的 α 和 β 值见表 1-34。

表 1-34　不同河段的 α 和 β 值

河段	淤积缩窄时期 （1986-10—1999-10）		冲刷展宽时期 （1999-10—2013-10）	
	α	β	α	β
伊洛河口以上	0.000 2	$-1.296\ 3$	9×10^{-6}	$-0.084\ 9$
伊洛河口—花园口	-3×10^{-5}	$-0.268\ 5$	-3×10^{-5}	$-0.313\ 7$
花园口—夹河滩	2×10^{-5}	$-0.303\ 5$	-2×10^{-5}	$-0.307\ 0$
夹河滩—高村	4×10^{-5}	$-0.653\ 1$	3×10^{-5}	$-0.073\ 6$
高村—孙口	2×10^{-4}	$-0.674\ 2$	3×10^{-6}	$-0.071\ 5$
孙口—艾山	1×10^{-4}	$-0.276\ 3$	9×10^{-6}	$-0.064\ 6$
艾山—泺口	0	$-0.094\ 0$	4×10^{-5}	$0.025\ 3$
泺口—利津	0	$-0.112\ 8$		

（三）宽河道塌滩对山东河道的影响

1. 加剧清水小流量时期的"上冲下淤"

小流量期间，水库一般下泄清水，水流在经过黄河下游艾山以上河道时，发生冲刷塌滩，将冲起的泥沙带入艾山以下河道，进入艾山以下河道后，河道比降减缓，输沙能力降低，加上这期间引水量大，进一步削弱了水流动力，艾山以下河道就产生淤积。

刘月兰在分析艾山以上河段调沙冲淤特性时，根据断面法计算的冲淤量发现，非汛期艾山以上河段的淤积量随高村以上河道冲刷量的增大而增多的现象（见图 1-62）。

点绘小浪底水库运用以来艾山以上河段的冲淤量和艾山以下河段冲淤量的关系（见

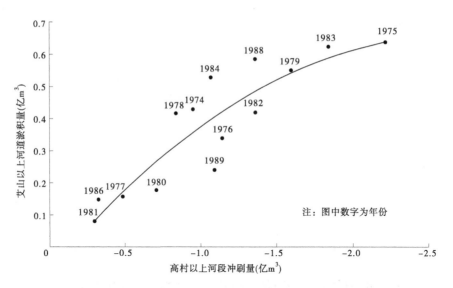

图 1-62　非汛期艾山—利津河段淤积量与高村以上河段冲刷量关系

图 1-63）发现,艾山以上河段冲刷会导致艾山以下河段淤积。从艾山以下河段淤积量和艾山以上河段冲刷量的关系看,艾山以上河段的冲刷量和艾山以下河段的淤积量大体上具有 3:1 的关系。可见,小流量过程会导致下游河道出现冲河南淤山东的"上冲下淤"现象。

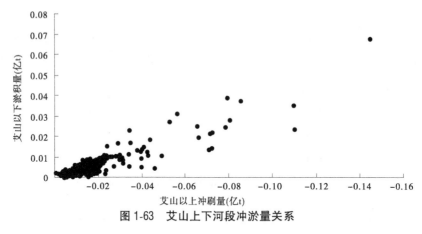

图 1-63　艾山上下河段冲淤量关系

　　进入艾山—利津河段的含沙量对艾山—利津河段的冲淤效率有明显影响。图 1-64 为艾山—利津河段冲淤效率与含沙量的关系,艾山—利津河段的冲淤效率与艾山断面的含沙量关系很好,二者呈如下良好的线性关系:

$$\Delta S = 0.616\ 6 S_{艾} - 0.438\ 1$$

式中:ΔS 为艾山—利津冲淤效率;$S_{艾}$ 为艾山断面含沙量。由此可见,在艾山—利津河段引水比大于 0.4 后,由艾山以上水流挟带的泥沙,大体上有约 50% 淤积在艾山—利津河段。

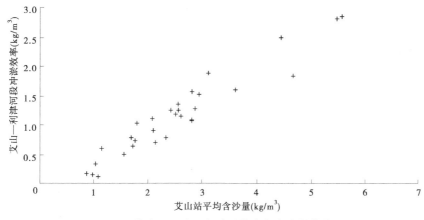

图 1-64　艾山—利津河段冲淤效率与含沙量的关系

2. 清水洪水或低含沙洪水期可减弱山东河道冲刷

当进入下游的流量过程为清水洪水(或低含沙洪水、异重流排沙洪水)时,全下游河道发生冲刷,其中约 50%的冲刷量为塌滩,这必然增大进入山东河道的沙量,提高进入山东河道的洪水的含沙量,而含沙量的提高,必然减弱洪水对山东河道的冲刷。

3. 水库排沙期会进一步加剧上冲下淤

小浪底水库进入正常运用期后,若汛期发生漫滩洪水(尤其是高含沙洪水),必然发生宽河道滩地淤积,这必然增加平水期的塌滩量,因此水库排沙期的滩地淤积又会部分转化为山东河道的淤积,从而加剧上冲下淤。

八、结论与建议

(一)结论

(1)2014 年汛期黄河流域降雨量为 344 mm,较多年平均偏多 21%,降雨时空分布不均,中游降雨偏多。9 月流域降雨量 151.5 mm,较多年同期偏多 150%。

(2)潼关、花园口和利津年水量分别为 233.18 亿 m³、224.42 亿 m³、110.95 亿 m³,较多年平均偏少 35%以上。龙门、潼关、华县和河龙区间年沙量分别为 0.379 亿 t、0.742 亿 t、0.223 亿 t、0.194 亿 t,均为历史最小值。

(3)汛期山陕区间降雨量 306.1 mm,水量 5.0 亿 m³,沙量 0.194 亿 t,降雨偏多 6%,实测来水量偏少 82%,实测来沙量偏少 97%。相同降雨量时,2014 年水量仅是 1969 年以前的 18%。

(4)干支流没有出现黄河编号洪水。

(5)到 2014 年 11 月 1 日 8 时,流域 8 座主要水库蓄水总量 334.08 亿 m³,较 2013 年 11 月 1 日增加 32.04 亿 m³,其中小浪底水库增加量占总增加量的 80%。

(6)三门峡水库年排沙量为 1.390 亿 t,均发生在汛期,水库排沙比 279%;2 次敞泄排沙累计时间 5 d,共排沙 0.986 亿 t,平均排沙比 1 933%,其中小浪底水库调水调沙期排沙比高达 1 271%。小浪底水库年排沙量为 0.269 亿 t,排沙比为 19.4%,其中调水调沙期排沙比为 42.3%。

（7）年内潼关高程下降 0.07 m，2014 年汛后潼关高程为 327.48 m，仍保持在 2003 年以来较低状态。

（8）小北干流年冲刷量为 0.283 7 亿 m^3，其中汛期冲刷 0.144 6 亿 m^3；潼关以下年冲刷量为 0.266 亿 m^3，其中汛期冲刷 0.645 亿 m^3。

（9）小浪底水库库区年泥沙淤积量为 0.400 亿 m^3，其中干流淤积量为 0.395 亿 m^3，淤积最大的河段在坝前至 HH18 断面，全年淤积 0.406 亿 m^3（含支流），支流中石井河淤积量最大，全年 0.035 亿 m^3。支流畛水的拦门沙坎依然存在，与沟口滩面高差达到 9.2 m。

三角洲顶点位于距坝 16.39 km 的 HH11 断面，三角洲顶点高程为 222.71 m。至 2014 年 10 月，水库 275 m 高程下总库容为 96.734 亿 m^3，其中干流库容为 50.086 亿 m^3；起调水位 210 m 高程以下库容为 1.595 亿 m^3；汛限水位 230 m 以下库容为 10.879 亿 m^3。

（10）西霞院以下河道冲刷 0.931 亿 m^3，其中非汛期冲刷 0.663 亿 m^3。年内冲刷总量的 92% 集中在孙口以上河段。同流量（3 000 m^3/s）水位除高村和泺口的降幅仅 0.07 m 左右外，其他水文站大多超过了 0.20 m，目前同流量水位恢复水平为：花园口 1965—1966 年、夹河滩 1969—1970 年、高村 1971—1972 年水平，孙口、艾山和泺口到 1986—1987 年水平，利津恢复到 1985 年水平。目前，最小平滩流量已下移到艾山水文站上游附近，各水文站的平滩流量分别为 7 200 m^3/s（花园口）、6 800 m^3/s（夹河滩）、6 100 m^3/s（高村）、4 350 m^3/s（孙口）、4 250 m^3/s（艾山）、4 600 m^3/s（泺口）和 4 650 m^3/s（利津）。

（11）从 1999 年 9 月开始蓄水运用至 2014 年 10 月，小浪底水库全库区淤积量为 30.726 亿 m^3，其中干流占总淤积量的 80%。黄河下游主槽共冲刷 19.329 亿 m^3，其中利津以上冲刷 18.629 亿 m^3，冲淤强度上大下小，差别很大。

（12）小浪底水库运用以来，高村以上宽河道的冲刷量中，有 50% 的冲刷量由塌滩引起，这增大了艾山以下河道的沙量，是造成下游河道排洪能力上大下小的重要原因之一。

（二）建议

（1）小浪底水库库区支流畛水的拦门沙坎依然存在，畛水沟口滩面高程与沟口滩面高差达到 9.2 m。建议针对这一问题开展相关治理研究。

（2）建议控制黄河下游宽河道的塌滩，以使下游河道的冲刷在纵向上更均衡一些，从而整体提高下游河道的排洪能力。

第二章　2015 年及近期汛前调水调沙模式研究

　　小浪底水库运用以来以拦沙为主,下游河道发生持续冲刷。在 2002 年未实施调水调沙以前,由于流域来水较少等因素影响,水库长期下泄清水小流量,下游河道仅花园口以上河段发生冲刷,平滩流量增大,其他河段发生淤积,平滩流量减小,到 2002 年汛前达到最小。2002 年实施调水调沙试验以来,每年水库泄放一定历时清水大流量过程,加上 2003 年以来流域来水条件好转、汛期洪水增多,下游河道发生沿程持续冲刷,河道过流能力显著增大。目前,黄河下游最小平滩流量已从 2002 年汛前的不足 1 800 m³/s 增加到 4 200 m³/s。

　　随着冲刷的持续发展,下游河床发生不同程度的粗化,从小浪底水库投入运用的 1999 年汛后到 2014 年汛后,花园口以上河段床沙中值粒径从 0.06 mm 粗化到 0.20 mm 以上,花园口—高村河段从 0.06 mm 粗化到 0.16 mm,高村—艾山河段从 0.05 mm 粗化到 0.10 mm,艾山—利津河段从 0.04 mm 粗化到 0.09 mm。

　　伴随冲刷的发展和河床的粗化,下游河道冲刷效率明显减小。全下游的年平均冲刷效率已经从 2004 年的 6.8 kg/m³ 降低到 2013 年的 1.7 kg/m³。汛前调水调沙清水大流量的冲刷效率从 2004 年的 16.8 kg/m³ 降低到 2014 年的 7.5 kg/m³。

　　随着经济的发展,人类生产生活需水量不断增加,黄河沿线对水资源的需求日益增加。基于黄河下游全线过流能力超过了 4 000 m³/s,河床粗化,清水冲刷效率明显降低,而水资源供需矛盾日益严峻的背景下,对汛前的调水调沙是继续开展还是不开展,或是按照一定指标不定期开展,这是目前迫切需要回答的问题。为此,在开展汛前调水调沙作用分析和汛前调水调沙期下游冲淤调整规律研究的基础上,提出下一阶段汛前调水调沙的运用模式,期望不仅能够维持黄河下游一定的排洪输沙能力(最小平滩流量不低于 4 000 m³/s),同时又能充分利用现有水资源。

一、汛前调水调沙作用分析

(一)汛前调水调沙基本情况

　　2002 年以来黄委组织开展了 15 次调水调沙,其中汛前调水调沙 10 次,汛期调水调沙 5 次。2002—2004 年开展了 3 次调水调沙试验,2005 年之后调水调沙转入正常生产运行。2004 年开展的第三次调水调沙试验是第一次开展汛前调水调沙,2005 年之后调水调沙转入正常生产运行后至 2014 年,每年 6 月开展一次汛前调水调沙生产运行。

　　汛前调水调沙的目标主要包括:一是实现黄河下游主河槽的全线冲刷,扩大主河槽的过流能力,近几年转为维持下游河道中水河槽行洪输沙能力;二是探索人工塑造异重流调整小浪底水库库区泥沙淤积分布的水库群水沙联合调度方式;三是进一步深化对河道、水库水沙运动规律的认识;四是实施黄河三角洲生态调水。

　　汛前调水调沙的模式采用 2004 年第三次调水调沙试验的基于干流水库群联合调度、人工异重流塑造模式,即依靠水库蓄水,充分而巧妙地利用自然的力量,通过精确调度万家寨、三门峡、小浪底等水利枢纽工程,在小浪底水库库区塑造人工异重流,实现水库减淤的同时,利用进入下游河道水流富余的挟沙能力,冲刷下游河道、增加河道过流能力,并将泥沙输送入海。黄河历次汛前调水调沙相关特征值见表 2-1。

表 2-1　黄河 11 次汛前调水调沙相关特征值

年份	模式	小浪底水库蓄水量（亿 m³）	区间来水（亿 m³）	调控流量（m³/s）	调控含沙量（kg/m³）	进入下游水量（亿 m³）	入海水量（亿 m³）	入海沙量（亿 t）	河道冲淤量（亿 t）	调水调沙后下游最小平滩流量（m³/s）	小浪底入库沙量（亿 t）	小浪底出库沙量（亿 t）	排沙比（%）
2004	基于干流水库群水沙联合调度	66.50	1.10	2 700	40	47.89	48.01	0.697	-0.665 0	2 730	0.432 0	0.044 0	10.2
2005	万家寨、三门峡、小浪底三库联合调度	61.60	0.33	3 000~3 300	40	52.44	42.04	0.612 6	-0.646 7	3 080	0.450 0	0.023 0	5.1
2006	三门峡、小浪底两库联合调度，小浪底调度为主	68.90	0.47	3 500~3 700	40	55.40	48.13	0.648 3	-0.601 1	3 500	0.230 0	0.084 1	36.6
2007	万家寨、三门峡、小浪底三库联合调度	43.53	0.45	2 600~4 000	40	41.21	36.28	0.524 0	-0.288 0	3 630	0.601 2	0.261 1	43.4
2008	万家寨、三门峡、小浪底三库联合调度	40.64	0.31	2 600~4 000	40	44.20	40.75	0.598 0	-0.201 0	3 810	0.579 8	0.516 5	89.1
2009	万家寨、三门峡、小浪底三库联合调度	47.02	0.80	2 600~4 000	40	45.70	34.88	0.345 2	-0.386 9	3 880	0.503 9	0.037 0	7.34
2010	万家寨、三门峡、小浪底三库联合调度	48.48	1.31	2 600~4 000	40	52.80	45.64	0.700 5	-0.208 2	4 000	0.408 0	0.559 0	137.0
2011	万家寨、三门峡、小浪底三库联合调度	43.59	0.56	4 000	40	49.28	37.93	0.427 3	-0.114 8	4 100	0.260 0	0.378 0	145.4
2012	万家寨、三门峡、小浪底三库联合调度	42.79	1.13	4 000	40	60.35	50.50	0.631 5	-0.046 7	4 100	0.444 0	0.657 0	148.0
2013	万家寨、三门峡、小浪底三库联合调度	39.30	1.20	4 000	40	59.00	52.20	0.558 7	0.051 9	4 100	0.387 0	0.645 0	166.7
2014	万家寨、三门峡、小浪底三库联合调度	20.70	0.24	4 000	40	23.39	20.91	0.198 7	0.038 7	4 200	0.616 0	0.259 0	42.0
合计			7.90			531.66	457.27	5.941 8	-3.067 8		4.911 9	3.463 7	70.5

注：2009 年以前用《黄河调水调沙理论与实践》报告数据，2009 年以后用水文整编数据。

(二)汛前调水调沙作用分析

1. 汛前调水调沙对下游河道冲刷、过流能力增加具有显著作用

小浪底水库投入运用以来,由于水库拦沙运用和调水调沙运用,按沙量平衡方法计算,下游河道共冲刷泥沙 15.412 亿 t(按断面法计算的冲刷量为 18.204 亿 m³),下游河道小浪底—利津各年及分时段河道冲刷量见表 2-2。其中 2004 年实施汛前调水调沙以来,下游共冲刷泥沙 10.276 亿 t(沙量平衡法),年均冲刷 0.936 亿 t;汛前调水调沙清水阶段共冲刷泥沙 4.464 9 亿 t,平均每次冲刷 0.406 亿 t;汛前调水调沙清水阶段冲刷量占总冲刷量的 43.4%,汛前调水调沙第一阶段清水大流量过程,对下游河道过流能力增加具有非常重要的作用。

表 2-2　2000 年以来全下游年冲刷量

年份	运用年		年冲淤量（亿 t）			汛前调水调沙清水阶段	
	来水量（亿 m³）	来沙量（亿 t）	沙量平衡法	断面法	两种计算方法平均	冲刷量（亿 t）	占全年比例（%）
2000	148.271	0.047	-0.801	-1.660	-1.230 5		
2001	180.010	0.240	-0.781	-1.142	-0.961 5		
2002	206.363	0.740	-0.705	-1.047	-0.876 0		
2003	257.607	1.233	-2.849	-3.860	-3.354 5		
2004	236.333	1.425	-1.598	-1.665	-1.631 5	-0.362 0	39.7
2005	224.118	0.468	-1.499	-2.033	-1.766 0	-0.711 5	40.3
2006	303.762	0.399	-1.745	-1.848	-1.796 5	-0.593 5	33.0
2007	252.898	0.734	-0.839	-2.320	-1.579 5	-0.369 7	23.4
2008	253.001	0.462	-0.644	-1.016	-0.830 0	-0.342 2	41.2
2009	224.979	0.036	-0.721	-1.187	-0.954 0	-0.408 7	42.8
2010	280.081	1.372	-0.587	-1.485	-1.036 0	-0.496 2	47.9
2011	254.523	0.346	-0.701	-1.882	-1.291 5	-0.369 6	28.6
2012	426.080	1.296	-1.038	-1.392	-1.215 0	-0.357 2	29.4
2013	390.373	1.425	-0.680	-1.676	-1.178 0	-0.334 3	28.4
2014	227.045	0.273	-0.224	-1.273	-0.748 5	-0.120 0	53.5
2004—2014 合计	3 073.193	8.236	-10.276	17.777	-14.026 5	-4.464 9	43.4
2004—2014 平均	279.38	0.749	-0.936	-1.616	-1.275 0	-0.406	43.4

各年汛前调水调沙清水阶段的冲刷量占全年的比例在 23.4%～53.5%,可见汛前调水调沙清水大流量泄放对下游河道全程冲刷、河道平滩流量扩大具有非常重要的作用。

在2002年未实施调水调沙以前,由于受流域来水较少等因素影响,水库长期下泄清水小流量,下游河道发生上冲下淤现象,仅花园口以上河段发生冲刷,平滩流量增大,其他河段发生淤积,平滩流量减小。2002年实施调水调沙试验以来,每年水库泄放一定历时清水大流量过程,加上2003年以来流域来水条件逐步好转、汛期洪水增多,下游河道发生沿程持续冲刷,河道过流能力显著增大。目前,黄河下游最小平滩流量已从2002年汛前的不足1 800 m³/s增加到4 200 m³/s(见图2-1)。

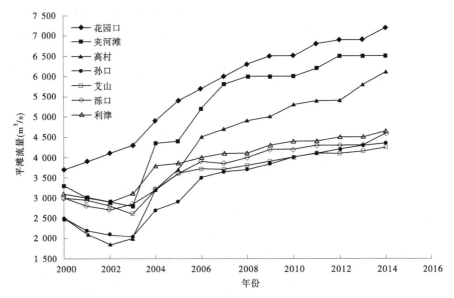

图2-1 小浪底水库运用以来下游水文站断面平滩流量

2007—2014年全下游共冲刷了5.433亿t,年均冲刷0.679亿t,其中汛前调水调沙清水阶段共冲刷2.798亿t,年均冲刷0.349亿t;汛前调水调沙清水阶段全下游冲刷量占年冲刷量的51%(见表2-3)。

表2-3 2007—2014年黄河下游各河段冲淤量 (单位:亿t)

计算内容		小浪底—花园口	花园口—高村	高村—艾山	艾山—利津	全下游
调水调沙期以外时段	累计	−0.930	−2.724	−0.941	0.660	−3.935
	年均	−0.116	−0.340	−0.118	0.082	−0.492
汛前调清水阶段冲淤量	累计	−0.700	−0.755	−0.698	−0.645	−2.798
	年均	−0.087	−0.094	−0.087	−0.081	−0.349
汛前调浑水阶段冲淤量	累计	1.026	0.102	−0.035	0.207	1.300
	年均	0.128	0.013	−0.004	0.026	0.163

分河段而言,花园口—高村河段在汛前调水调沙期间冲刷量占全年的比例最小,仅为22%。这主要是因为虽然该河段在汛前调水调沙清水阶段冲刷量为四个河段最多,但该河段全年冲刷量更多,所以汛前调水调沙清水阶段的冲刷量占全年的比例相对较小。

艾山—利津河段主要发生在汛前调水调沙清水大流量下泄阶段。若取消汛前调水调沙清水下泄过程,但仍保留后阶段的人工塑造异重流排沙过程,再考虑到将汛前调水调沙第一阶段的清水大流量过程改为清水小流量过程,该时段内艾山—利津河段将由冲刷转为微淤,从而可能导致艾山—利津河段全年将由近期的冲刷转为淤积。

2.汛前调水调沙异重流排沙对小浪底水库减淤作用显著

在不显著影响下游河道冲刷效率的前提下,水库尽可能利用异重流排沙,减缓拦沙库容的淤损,这是调度运用中应考虑的重要问题之一。2007年以来汛前调水调沙人工塑造异重流排沙阶段共排放泥沙量3.106亿t,占小浪底水库总排沙量5.877亿t的53%(见表2-4)。虽然该过程在下游河道发生淤积,但淤积集中在花园口以上河段,占全下游的79%,淤积的粗颗粒泥沙较少,仅占17%。该时段内,在艾山—利津河段基本没有粗泥沙淤积。

表2-4 小浪底水库汛前调水调沙异重流阶段及全年排沙量

年份	全年(亿t)	汛前调水调沙(亿t)	比例(%)
2000	0.042		
2001	0.230		
2002	0.740	0.366	49
2003	1.148	0.747	65
2004	1.422	0	0
2005	0.449	0.020	5
2006	0.398	0.069	17
2007	0.705	0.234	33
2008	0.462	0.462	100
2009	0.036	0.036	99
2010	1.361	0.553	41
2011	0.329	0.329	100
2012	1.295	0.576	44
2013	1.420	0.648	46
2014	0.269	0.268	100
2007—2014 合计	5.877	3.106	53

2007—2014年,历次汛前调水调沙后期排沙阶段共进入下游泥沙量3.106亿t,在下游河道共淤积了1.131亿t,淤积比为36%。淤积的泥沙以0.025 mm以下的细颗粒泥沙为主,为总淤积量的61%,中颗粒泥沙占22%,粗颗粒泥沙和特粗颗粒泥沙分别占12%和5%。从河段分布来看,淤积主要集中在花园口以上河段,淤积0.890亿t,占总淤积量的79%;其次在艾山—利津河段和花园口—高村河段,淤积量分别为0.163亿t和0.102亿

t,占总淤积量的 14% 和 9%(见表 2-5)。

表 2-5　汛前调水调沙后期排沙阶段下游分河段分组泥沙冲淤量

沙量统计参数		全沙	<0.025 mm	0.025~0.05 mm	0.05~0.1 mm	>0.1 mm
来沙量(亿 t)		2.899	1.960	0.498	0.312	0.129
来沙组成(%)		100.0	67.6	17.2	10.8	4.5
河段冲淤量(亿 t)	小浪底—花园口	0.890	0.387	0.251	0.185	0.067
	花园口—高村	0.102	0.076	0.020	-0.008	0.014
	高村—艾山	-0.024	0.065	-0.023	-0.043	-0.023
	艾山—利津	0.163	0.157	0.001	0.000	0.005
	全下游	1.131	0.685	0.250	0.133	0.063
淤积比(%)		39.0	35.0	50.2	42.6	48.5

黄河下游在小水期具有上冲下淤的特点,在非汛期和汛期的平水期,该河道发生淤积。造成艾山—利津河段淤积的泥沙主要为大于 0.05 mm 粗泥沙(见表 2-6),占非汛期淤积量的 56%,而汛前调水调沙后期排沙阶段该组泥沙在艾山—利津河段基本不淤积。

表 2-6　2005—2009 年非汛期(11 月至次年 5 月)分组泥沙冲淤量　　(单位:亿 t)

冲淤量	河段	全沙	<0.025 mm	0.025~0.05 mm	>0.05 mm
总冲淤量	小浪底—艾山	-1.527	-0.563	-0.268	-0.696
	艾山—利津	0.362	0.095	0.064	0.203
年均冲淤量	小浪底—艾山	-0.306	-0.113	-0.054	-0.139
	艾山—利津	0.073	0.019	0.013	0.041

可见,汛前调水调沙第二阶段人工塑造异重流排沙是小浪底水库排沙的重要时段,对小浪底水库的减淤起到了重要作用。由于该时段内的排沙虽然造成下游河道发生淤积,但淤积主要集中在平滩流量较大的花园口以上河段,对下游河道过流能力较小的艾山—利津河段影响不大。因此,汛前调水调沙第二阶段的人工塑造异重流排沙过程需要也是可以继续开展的。

二、汛前调水调沙下游河道冲淤规律研究

(一)清水阶段下游冲刷规律

在 2002 年首次实施调水调沙以前,进入下游的流量较小,年最大日均流量均发生在春灌期的 4 月,下游河道冲刷集中在花园口以上。2003 年秋汛洪水较大,下游河道发生了强烈冲刷,年冲刷效率达到 13.0 kg/m³。2004 年以来每年开展汛前调水调沙,均有一定历时的大流量进入下游河道,河道冲刷效率也呈现出不断减小的规律性变化,这种规律性从输沙率法计算结果来看,更为明显。

2004—2006年,下游河道年冲刷效率相对较大,平均达到6.8 kg/m³(输沙率法计算6.3 kg/m³,断面法计算7.3 kg/m³);2007—2010年明显减小,平均为4.4 kg/m³(输沙率法2.8 kg/m³,断面法5.9 kg/m³);2011—2014年进一步减小,平均为3.4 kg/m³(输沙率法2.0 kg/m³,断面法4.0 kg/m³)。可见,下游河道年平均冲刷效率自2007年以来明显减小。

随着冲刷的发展,河床不断粗化是下游河道冲刷效率降低的主要因素。从1999年12月到2006年汛后,下游河道床沙不断粗化,各河段的床沙中值粒径均显著增大,花园口以上、花园口—高村、高村—艾山、艾山—利津以及利津以下河段床沙的中值粒径分别从0.064 mm、0.060 mm、0.047 mm、0.039 mm和0.038 mm粗化为0.291 mm、0.139 mm、0.101 mm、0.089 mm和0.074 mm。2005年以来各河段冲刷中值粒径变化较小,夹河滩—高村河段仍有一定粗化,艾山—利津河段也小幅粗化,到2013年汛后各河段床沙中值粒径分别为0.288 mm、0.185 mm、0.101 mm、0.116 mm和0.082 mm(详见图2-2)。到2007年下游河道河床粗化基本完成。

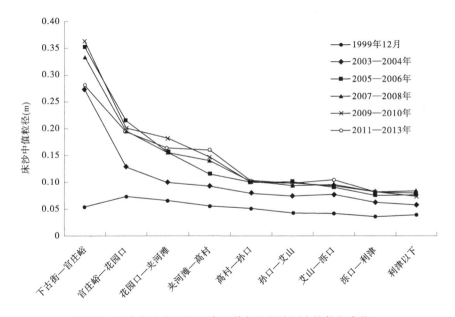

图2-2　小浪底水库运用以来下游各河段冲刷中值粒径变化

图2-3是汛前调水调沙清水大流量下泄时段和其他流量相对较大的清水下泄时段,全下游冲刷效率与平均流量的关系。下游河道的冲刷效率与进入下游的平均流量关系密切,同时受床沙组成的制约。在同一时段,床沙组成比较接近时,随着流量的增大冲刷效率增大;对于相同流量,则随着床沙的粗化,冲刷效率减小。下游分河段也存在相同的规律(见图2-4~图2-7)。

汛前调水调沙清水过程全下游及各河段冲刷效率逐年减小(见图2-8),2004年调水调沙全下游及小浪底—花园口、花园口—高村、高村—艾山和艾山—利津各河段的冲刷效率分别为16.8 kg/m³、4.1 kg/m³、4.3 kg/m³、4.5 kg/m³和3.9 kg/m³;2013年汛前调水调沙清水阶段分别为8.1 kg/m³、2.0 kg/m³、2.6 kg/m³、2.1 kg/m³和1.5 kg/m³,分别是2004年调水调沙的48%、47%、61%、46%和38%。可见,调水调沙清水大流量的冲刷效率

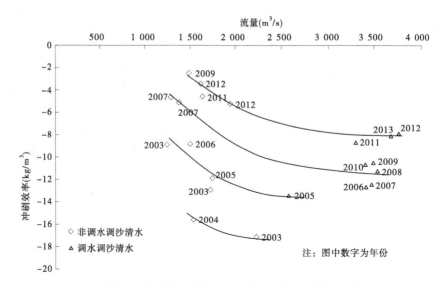

图 2-3　汛前调水调沙清水过程全下游冲刷效率变化

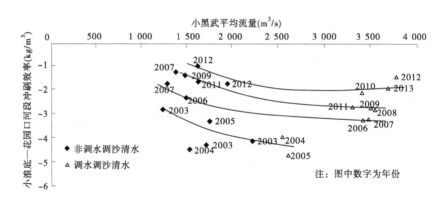

图 2-4　汛前调水调沙清水过程花园口以上河段冲刷效率与流量关系

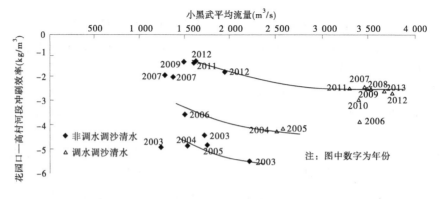

图 2-5　汛前调水调沙清水过程花园口—高村河段冲刷效率与流量关系

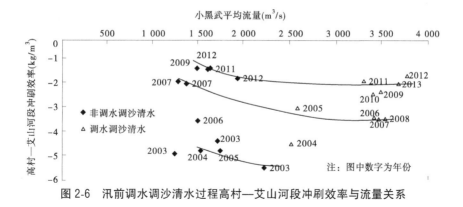

图 2-6　汛前调水调沙清水过程高村—艾山河段冲刷效率与流量关系

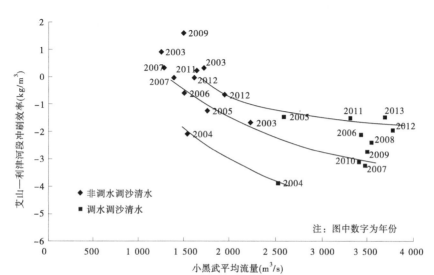

图 2-7　汛前调水调沙清水过程艾山—利津河段冲刷效率与流量关系

减小显著,2013 年的冲刷效率约为 2004 年的 50%,高村—艾山河段减少最少,减少了 39%,艾山—利津河段减少最多,减少了 62%。

(二)浑水阶段下游冲淤调整规律

2006 年以来,除了 2006 年和 2009 年排水量较少外,其他各次汛前调水调沙异重流排沙阶段,小浪底水库出库泥沙量均较大(平均每次排沙 0.466 亿 t),2006—2013 年共排泥沙 2.899 亿 t,在下游河道共淤积了 1.127 亿 t,淤积比为 39%。淤积的泥沙以 0.025 mm 以下的细颗粒泥沙为主,为总淤积量的 61%,中颗粒泥沙占 22%,粗颗粒泥沙和特粗颗粒泥沙分别占 12% 和 5%。从河段分布来看,淤积主要集中在花园口以上河段,淤积 0.890 亿 t,占总淤积量的 79%;其次在艾山—利津河段和花园口—高村河段,淤积量分别为 0.163 亿 t 和 0.102 亿 t,占总淤积量的 14% 和 9%(见表 2-7)。异重流排沙阶段全沙的淤积比为 39%;细颗粒泥沙的淤积比最小,为 35%;中、粗颗粒泥沙的淤积比较大,分别为 50% 和 44%。

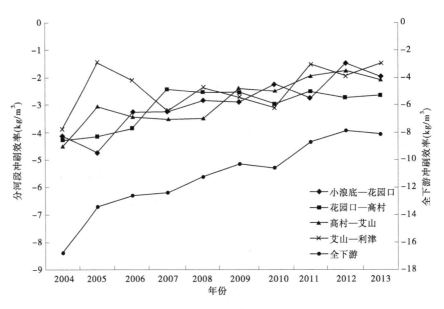

图 2-8　汛前调水调沙清水过程下游冲刷效率变化过程

表 2-7　汛前调水调沙排沙阶段下游分河段分组沙冲淤量

项目		全沙	<0.025 mm	0.025~0.05 mm	>0.05 mm
总来沙量(亿 t)		2.899	1.960	0.498	0.441
年均来沙量(亿 t)		0.362	0.245	0.062	0.055
来沙组成(%)		100.0	67.6	17.2	15.2
总冲淤量	全下游 (占全沙比例)	1.127 (100%)	0.682 (61%)	0.249 (22%)	0.195 (17%)
	淤积比(%)	38.9	34.8	50.1	44.3
	小浪底—花园口 (占全下游比例)	0.890 (79%)	0.387 (57%)	0.251 (101%)	0.252 (129%)
	花园口—高村	0.102	0.076	0.020	0.006
	高村—艾山	-0.028	0.062	-0.023	-0.067
	艾山—利津 (占全下游比例)	0.163 (14%)	0.157 (23%)	0.001 (1%)	0.005 (2%)
平均 冲淤量	全下游	0.140	0.085	0.031	0.024
	小浪底—花园口	0.111	0.048	0.031	0.032
	花园口—高村	0.014	0.010	0.003	0.001
	高村—艾山	-0.003	0.008	-0.003	-0.008
	艾山—利津	0.021	0.020	0	0.001

汛前调水调沙第二阶段人工塑造异重流阶段,由于短历时集中排沙,出库含沙量高,导致下游淤积较多。分析发现,排沙阶段冲淤效率与时段内的平均含沙量关系密切,随着后者的增大而线性增加(见图 2-9)。

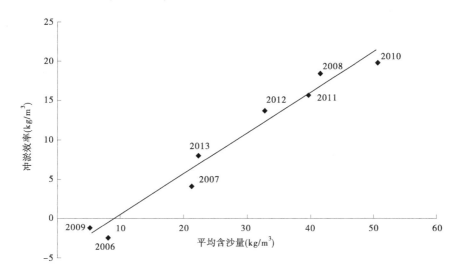

图 2-9　汛前调水调沙异重流排沙阶段全下游冲淤效率与平均含沙量关系

由于汛前调水调沙人工塑造异重流排沙阶段下游淤积主要发生在平滩流量较大的花园口以上河段,该河段处于下游河道的最上端,只要小浪底水库下泄清水,该河段首当其冲,异重流排沙阶段淤积的泥沙可以被冲起输移。对于艾山—利津河段,从分组泥沙的冲淤看,汛前调水调沙人工塑造异重流排沙阶段,在该河段淤积的泥沙主要为细颗粒泥沙。由于细颗粒泥沙在其他含沙量较低时段易被冲刷带走,因此该时段内的淤积对艾山—利津河段的影响不大。

三、汛前调水调沙对艾山—利津河段的影响

艾山—利津河段河道较缓,比降约为 1‰,也是目前黄河下游过流能力较小的河段。在汛期的平水期和非汛期,下游河道易发生上冲下淤现象,艾山—利津河段发生淤积。汛前调水调沙清水大流量过程该河段冲刷明显,是该河段发生冲刷的主要时段,可见汛前调水调沙对该河段的冲刷具有非常重要的作用。

(一)非汛期艾山—利津河段的淤积规律

小浪底水库运用以来,艾山—利津河段非汛期均发生淤积,且时段两头淤积多,即 2000—2001 年和 2012—2014 年两个时段淤积较多(见表 2-8)。

两个时段非汛期淤积较多的原因是不同的。2000—2001 年,由于小浪底水库运用之前的 20 世纪 90 年代来水较枯,下游河道淤积严重,特别是粒径小于 0.025 mm 的细颗粒泥沙也发生大量淤积。在水库投入运用初期,由于床沙组成较细、流量较小,导致上段冲刷多、含沙量恢复较大,到了下段艾山—利津河段,淤积较多。2012—2014 年,主要是非汛期下泄 800 m³/s 以上流量天数较多,导致上冲下淤显著。

表 2-8　艾山—利津河段非汛期(与断面法时间一致)冲淤量　　　　(单位:亿 t)

年份	沙量平衡法	断面法	两方法平均
2000	0.172	0.472	0.322
2001	0.221	0.155	0.188
2002	0.116	-0.020	0.048
2003	0.043	0.105	0.074
2004	0.095	0.129	0.112
2005	0.050	0.049	0.050
2006	0.125	0.148	0.137
2007	0.062	0.020	0.041
2008	0.066	0.021	0.043
2009	0.060	0.078	0.069
2010	0.057	0.083	0.070
2011	0.070	0.053	0.061
2012	0.203	0.202	0.202
2013	0.128	0.181	0.154
2014	0.079	0.006	0.042
2000—2006	0.117	0.148	0.133
2007—2013	0.091	0.081	0.085
2012—2014	0.137	0.130	0.133

1. 非汛期艾山—利津河段淤积的泥沙级配

根据前述表 2-6 统计的 2005—2009 年非汛期艾山以上河段和艾山—利津河段的分组泥沙冲淤量,2005—2009 年艾山以上共冲刷 1.527 亿 t,以大于 0.05 mm 的粗泥沙为主,为 0.696 亿 t,占全沙的 46%;艾山—利津河段共淤积 0.362 亿 t,为上段冲刷量的 24%,其中粗颗粒泥沙淤积 0.203 亿 t,占该河段淤积量的 56%,占上段河段粗泥沙冲刷量的 29%。可见,非汛期艾山—利津河段淤积的主体为粒径大于 0.05 mm 的粗颗粒泥沙。

2. 非汛期艾山—利津河段淤积特点

2012 年和 2013 年非汛期下泄大于 800 m³/s(主要为 800~1 500 m³/s)流量的天数较之前几年显著增加(见图 2-10)。2005—2011 年非汛期小于 800 m³/s 的天数平均每年 167.3 d,大于 800 m³/s 的天数平均每年 44.9 d;2012—2013 年两个流量级的平均天数每年分别为 69.5 d 和 143 d,大于 800 m³/s 的天数为之前多年平均的 3 倍多。

而非汛期 11 月至次年 5 月艾山—利津河段的淤积量与进入下游日均流量大于 800 m³/s 的天数有一定关系(见图 2-11)。

非汛期艾山—利津河段的淤积量与艾山以上河段的冲刷量具有密切关系,该河段的

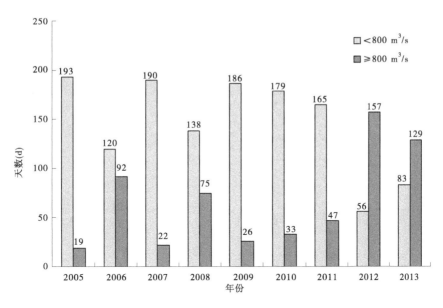

图 2-10　2005 年以来非汛期(11 月至次年 5 月)小浪底站不同流量级天数

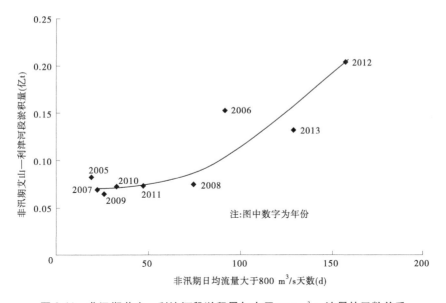

图 2-11　非汛期艾山—利津河段淤积量与大于 800 m³/s 流量的天数关系

淤积量随着上段冲刷量增大而增大(见图 2-12)。另外,随着冲刷的发展、床沙的粗化,在艾山以上河段发生相同冲刷量时,艾山—利津河段的淤积量有所增多。

非汛期艾山以上河段冲刷量与来水平均流量关系密切,在一定时段内冲刷量与平均流量大小呈线性关系(见图 2-13)。

上述分析表明,近两年非汛期艾山—利津河段淤积量较大的主要原因是非汛期下泄 800~1 500 m³/s 流量的天数较多。

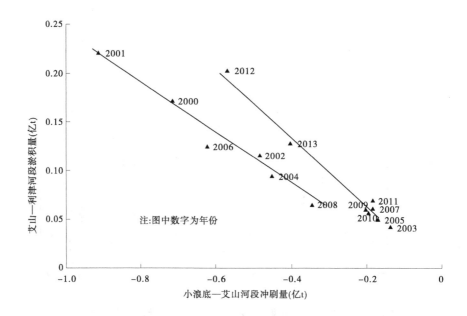

图 2-12　非汛期艾山—利津河段淤积量与艾山以上冲刷量关系

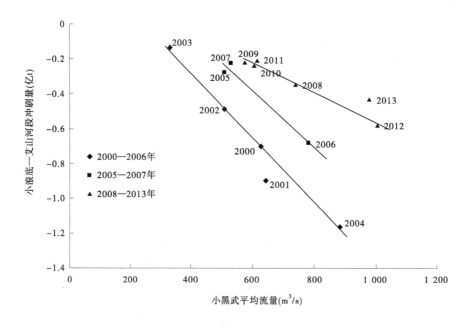

图 2-13　11 月至次年 5 月艾山以上冲刷量与小黑武平均流量关系

3.非汛期艾山—利津河段引水对淤积的影响

非汛期特别是春灌期 3—5 月,引水使到利津的流量较艾山平均少 250 m³/s 左右。进入下游的平均流量越大,到艾山的流量一般也越大,但到利津流量的减幅也越大

（见图 2-14）。

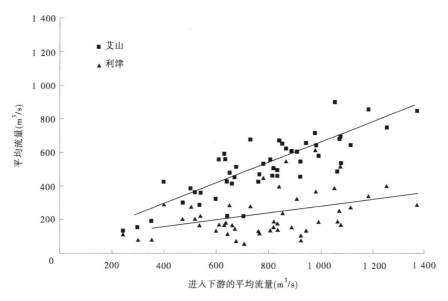

图 2-14　非汛期艾山和利津的平均流量与进入下游的平均流量关系

艾山和利津含沙量与流量的关系基本一致,相同流量时对应含沙量基本相同(见图 2-15)。也就是说,当利津的流量与艾山相同时,利津的含沙量与艾山的含沙量也基本相同,则艾山—利津河段基本输沙平衡。

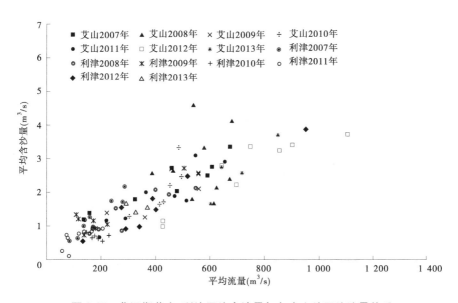

图 2-15　非汛期艾山、利津平均含沙量与各水文站平均流量关系

但是由于非汛期下游引水,利津的流量一般是小于艾山的,从而导致水流从艾山输送到利津时,河段发生淤积,含沙量降低(见图 2-16)。

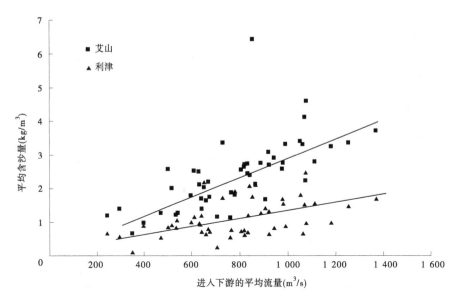

图 2-16　非汛期艾山、利津的平均含沙量与进入下游的平均流量关系

(二)汛期艾山—利津河段冲淤分析

　　小浪底水库运用以来,艾山—利津河段汛期共冲刷 3.035 亿 t 泥沙(沙量平衡法计算冲刷 1.244 亿 t,断面法计算冲刷 4.826 亿 t)。2002 年以前,由于进入下游的流量较小,该河段年均冲刷 0.073 亿 t;2003—2006 年进入下游的大流量显著增多,特别是遭遇 2003 年和 2005 年秋汛洪水,河段冲刷较多,年均冲刷 0.358 亿 t;2007—2010 年由于床沙的粗化,河段冲刷效率有所降低,年均冲刷 0.177 亿 t;2011—2013 年尤其是 2012—2013 年流域来水较丰,河段冲刷有所增多,年均冲刷 0.227 亿 t。各年冲刷量及时段平均冲刷量见表 2-9。

表 2-9　艾山—利津河段汛期(与断面法时间一致)冲刷量

年份	水量(亿 m³)		沙量(亿 t)		艾山—利津冲淤量(亿 t)		
	小黑武	艾山	小黑武	艾山	沙量平衡法	断面法	两方法平均
2000	63.203	46.693	0.047	0.348	0.108	−0.224	−0.058
2001	62.690	32.886	0.240	0.158	0.025	−0.130	−0.053
2002	114.555	67.300	0.740	0.793	0.077	−0.295	−0.109
2003	198.562	195.820	1.193	3.383	−0.467	−0.869	−0.668
2004	144.662	163.934	1.425	2.473	−0.111	−0.459	−0.285
2005	157.787	159.265	0.468	1.568	−0.158	−0.550	−0.354
2006	186.350	175.553	0.399	1.416	−0.146	−0.099	−0.123
2007	176.181	166.151	0.734	1.274	−0.088	−0.430	−0.259
2008	137.637	123.476	0.462	0.744	−0.027	−0.090	−0.059
2009	134.760	116.136	0.036	0.485	−0.075	−0.192	−0.134
2010	184.636	172.126	1.372	1.555	−0.155	−0.356	−0.255

年份	水量(亿 m³)		沙量(亿 t)		艾山—利津冲淤量(亿 t)		
	小黑武	艾山	小黑武	艾山	沙量平衡法	断面法	两方法平均
2011	150.934	127.568	0.346	0.741	−0.081	−0.224	−0.153
2012	257.070	218.773	1.296	1.670	−0.102	−0.463	−0.283
2013	229.499	196.342	1.425	1.653	−0.044	−0.445	−0.245
2000—2002 平均	80.149	48.959	0.342	0.433	0.070	−0.216	−0.073
2003—2006 平均	171.840	173.643	0.871	2.210	−0.221	−0.494	−0.358
2007—2010 平均	158.304	144.472	0.651	1.014	−0.086	−0.267	−0.177
2011—2013 平均	212.501	180.895	1.023	1.355	−0.076	−0.377	−0.227
2007—2013 平均	181.531	160.082	0.810	1.160	−0.081	−0.314	−0.198

2003 年以来,艾山、泺口和利津三处水文站的同流量(3 000 m³/s)水位呈不断降低趋势(见图 2-17),这与汛期该河段发生冲刷分不开,因为非汛期该河段是发生淤积的。

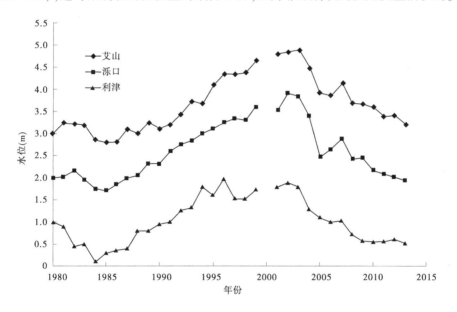

图 2-17　艾山、泺口和利津 3 000 m³/s 水位变化过程

表 2-10 统计了 2007 年以来汛期(6—10 月)各河段分组泥沙冲淤量,艾山—利津河段共冲刷了 0.628 亿 t,年均冲刷 0.09 亿 t,其中细颗粒泥沙冲刷 0.284 亿 t,年均冲刷 0.041 亿 t;中颗粒泥沙冲刷 0.230 亿 t,年均冲刷 0.033 亿 t;粗颗粒泥沙冲刷 0.114 亿 t,年均冲刷 0.016 亿 t。汛期艾山—利津河段冲刷的主体为细颗粒泥沙和中颗粒泥沙,粗颗粒泥沙冲刷较少。

表 2-10　2007—2013 年汛期(6~10 月)下游分组沙冲淤量　(单位:亿 t)

计算内容	河段	全沙	<0.025 mm	0.025~0.05 mm	>0.05 mm
总冲淤量	小浪底—花园口	0.255	0.543	0.001	-0.289
	花园口—高村	-1.694	-0.678	-0.450	-0.566
	高村—艾山	-1.426	-0.636	-0.239	-0.551
	艾山—利津	-0.628	-0.284	-0.230	-0.114
	全下游	-3.493	-1.055	-0.918	-1.520
年均冲淤量	小浪底—花园口	0.037	0.078	0	-0.041
	花园口—高村	-0.242	-0.097	-0.064	-0.081
	高村—艾山	-0.204	-0.091	-0.034	-0.079
	艾山—利津	-0.090	-0.041	-0.033	-0.016
	全下游	-0.499	-0.151	-0.131	-0.217

自 2007 年下游河床粗化基本完成以来,艾山—利津河段非汛期年均淤积 0.092 亿 t,汛期年均冲刷 0.198 亿 t,全年平均冲刷 0.106 亿 t。可见,汛期是艾山—利津河段发生冲刷的时段,直接影响该河段的冲刷发展,对该河段同流量水位降低、过流能力增大具有决定性作用。

(三)汛前调水调沙对艾山—利津河段的影响分析

统计 2007 年以来艾山—利津河段共冲刷 0.744 亿 t,其中汛期冲刷 1.386 亿 t,非汛期淤积 0.642 亿 t(见表 2-11)。汛期调水调沙该河段共冲刷 0.456 亿 t,其中清水大流量阶段共冲刷 0.632 亿 t,年均冲刷 0.086 亿 t,占全年冲刷量的 81%。近两年汛期调水调沙清水大流量冲刷量占到全年冲刷量的 87%(见表 2-12)。由此可见,汛前调水调沙清水大流量对艾山—利津河段的冲刷具有十分重要的作用。

表 2-11　2007 年以来艾山—利津河段冲淤量　(单位:亿 t)

计算方法	时段	总冲淤量			年均冲淤量		
		非汛期(11 月至次年 4 月)	汛期(4—11 月)	全年	非汛期(11 月至次年 4 月)	汛期(4—11 月)	全年
输沙率法(与大断面测量时间同)	2007—2011 年	0.314	-0.427	-0.113	0.063	-0.085	-0.022
	2012—2013 年	0.331	-0.146	0.185	0.166	-0.073	0.093
	2007—2013 年	0.646	-0.573	0.073	0.092	-0.082	0.010
断面法	2007—2011 年	0.255	-1.291	-1.036	0.051	-0.258	-0.207
	2012—2013 年	0.382	-0.909	-0.527	0.191	-0.455	-0.264
	2007—2013 年	0.637	-2.199	-1.562	0.091	-0.314	-0.223

计算方法	时段	总冲淤量			年均冲淤量		
		非汛期(11月至次年4月)	汛期(4—11月)	全年	非汛期(11月至次年4月)	汛期(4—11月)	全年
两方法平均	2007—2011年	0.285	-0.859	-0.574	0.057	-0.172	-0.115
	2012—2013年	0.357	-0.527	-0.170	0.179	-0.264	-0.085
	2007—2013年	0.642	-1.386	-0.744	0.236	-0.436	-0.200
汛前调水调沙冲淤量	2007—2011年	-0.341(全过程)	-0.484(清水)		-0.068(全过程)	-0.097(清水)	
	2012—2013年	-0.115(全过程)	-0.148(清水)		-0.058(全过程)	-0.074(清水)	
	2007—2013年	-0.456(全过程)	-0.632(清水)		-0.065(全过程)	-0.086(清水)	

表 2-12 汛前调水调沙清水过程艾山—利津河段冲淤量 (单位:亿 t)

计算方法	2007—2011年	2012—2013年	2007—2013年
输沙率法①	-0.023	0.093	0.010
断面法②	-0.207	-0.263	-0.223
平均③ ③=(①+②)/2	-0.115	-0.085	-0.106
汛前调清水④	-0.097	-0.074	-0.086
比例④/③(%)	84	87	81

四、汛前调水调沙模式研究

(一)汛前调水调沙模式

上述分析表明,汛前调水调沙对下游河道冲刷、过流能力增大具有较大的作用,特别对于艾山—利津河段来讲,作用更大。

2007—2013 年艾山—利津河段共冲刷 0.744 亿 t(平均每年冲刷 0.106 亿 t),其中汛前调水调沙清水阶段冲刷量为 0.632 亿 t(平均每次冲刷 0.086 亿 t),占时段内总冲刷量的 81%。若取消汛前调水调沙清水下泄过程,但仍保留后阶段的人工塑造异重流排沙过程,考虑到将汛前调水调沙第一阶段的清水大流量过程改为清水小流量过程,该时段内艾山—利津河段将由冲刷转为微淤,艾山—利津河段全年将由近期的冲刷转为冲淤平衡。

汛前调水调沙后期的人工塑造异重流排沙过程在下游河道发生淤积,淤积比 39%。

淤积以细泥沙为主,细、中、粗泥沙分别占淤积量的61%、22%、17%。但淤积主要集中在花园口以上河段,占全下游的79%。艾山—利津河段淤积占全下游的14%。

在目前水沙条件和下游河道河床冲刷效率降低的条件下,不实施汛前调水调沙清水大流量下泄过程,艾山—利津河段将会由冲刷状态转为基本冲淤平衡状态。但是,若不开展汛前调水调沙第一阶段清水大流量过程,粒径大于0.05 mm的粗颗粒泥沙在艾山—利津河段发生持续淤积,最终导致该河段全年将由冲淤平衡转为淤积。随着来水来沙条件的变化,下游河道在一定时段内可能发生淤积,最小过流能力可能降低。为此,需要不定期开展带有清水大流量泄放过程的汛前调水调沙,来塑造和维持下游的中水河槽。

综上分析,可将2014年及近期汛前调水调沙的模式设置为:以人工塑造异重流排沙为主体,没有清水大流量泄放过程的汛前调水调沙与不定期开展带有清水大流量下泄的汛前调水调沙相结合,从而达到维持下游中水河槽不萎缩与提高水资源综合利用效益的双赢目标。

(二)利用异重流排沙控制水位

汛前调水调沙第二阶段异重流排沙,主要是利用三门峡水库泄放大流量将水库前期淤积的泥沙排泄出库,同时冲刷小浪底库区泥沙形成异重流。小浪底水库排沙效果与水库对接水位密切相关。

异重流排沙阶段降低对接水位,可以显著增加排沙效果,但由于还承担有下游供水任务,因而需保留一部分水量以确保下游供水安全。小浪底水库在8月21日就逐步过渡到后汛期,开始蓄水,因此汛前调水调沙保留的水量主要考虑前汛期7月11日至8月20日的下游供水保障。为此分析了1960年以来潼关来水情况,点绘历年潼关7月11日至8月20日水量过程(见图2-18)。前汛期下游按400 m³/s供水,则整个前汛期供水需水量为14.17亿m³,从整个前汛期来看,潼关来水量基本可保障下游供水需求。

时段内来水量一定时,其来水过程千差万别,供水保障是要求每天供给,需要按过程供水,而不能仅看总量。因此,将历年的来水过程,从7月11日开始,计算出潼关和伊洛沁河每天的累计来水量,以及按400 m³/s供给的累计需水量,两者差值为需要利用水库蓄水量进行补给的累计补水量。该时段内最大的累计补水量即为水库需要预留的水量(见图2-19)。

在1990年以前,来水量基本可以满足下游供水需求,水库不需进行补给。1990年以后,较多年份需要一定量的补水才能满足下游供水需求。为此依据各年需要的补水量,计算出不同补水量下的供水保证率(见图2-20)。选取了1960—2014年和1990—2014年两个系列,通过回归保证率与补水量关系,有式(2-1)和式(2-2):

$$\eta = 100 - 29.6e^{-W/1.6} \tag{2-1}$$

$$\eta = 100 - 44e^{-W/1.55} \tag{2-2}$$

式中:η为供水保证率(%);W为需补水量,亿m³。

由于1990以来沿黄用水的显著增加,前汛期潼关来水明显减小,平均流量不足400 m³/s,需要额外补水才能保证下游供水需求。利用1990—2014年系列分析得到的供水保证率,对需水的要求更高一些。为了供水的相对安全,采用式(2-2),计算不同供水保证率

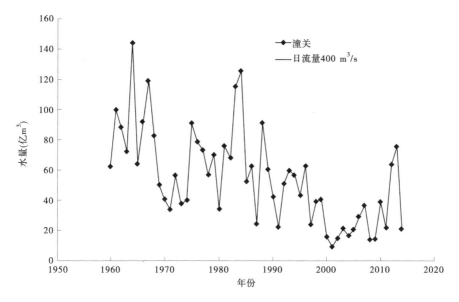

图 2-18　潼关前汛期 7 月 11 日至 8 月 20 日水量过程

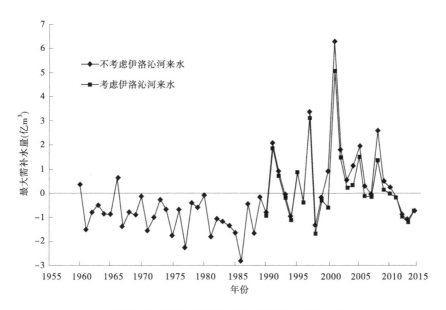

图 2-19　7 月 11 日至 8 月 20 日最大需补水量

下需要的补水量,再利用小浪底水库的库容曲线(见图 2-21)可以得到该蓄水量对应的水位,由此得到不同供水保证率条件下,需要留有的水量,计算结果见表 2-13。

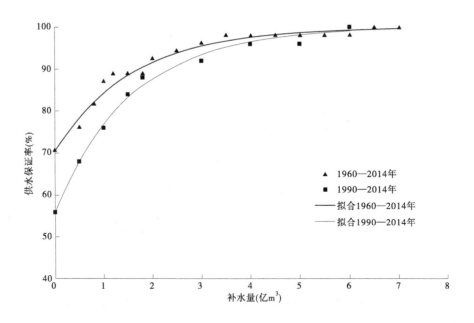

图 2-20　前汛期 7 月 11 日至 8 月 20 日供水保证率与补水量

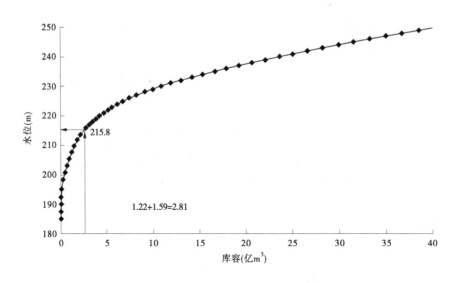

图 2-21　小浪底水库 2014 年汛后库容曲线

前汛期 7 月 11 日至 8 月 20 日,是降雨较多的时段,下游降雨也相对较多,80%的供水保证率条件下,基本可以保证供水需求。80%供水保证率条件下,需要的补水量为1.22 亿 m^3,水库起调水位 210 m 以下水量为 1.59 亿 m^3,若不考虑 210 m 以下水量用于供水,则水库水位为 215.8 m;若考虑利用 210 m 以下蓄水量 0.5 亿 m^3,则水库水位为214.1 m。

表 2-13 不同供水保证率的补水量及相应水位

供水保证率（%）	需补水量（亿 m³）	210 m 以下水量	不利用 210 m 以下水量时		利用 210 m 以下0.5 亿 m³ 水量时	
			预留水量（亿 m³）	水位（m）	预留水量（亿 m³）	水位（m）
56	0	1.59	0	210		
70	0.59	1.59	2.18	213.5	1.68	210.6
75	0.88	1.59	2.47	214.7	1.97	212.3
80	1.22	1.59	2.81	215.8	2.31	214.1
85	1.67	1.59	3.26	217.2	2.76	215.7
90	2.30	1.59	3.89	219.0	3.39	217.6
95	3.37	1.59	4.96	221.6	4.46	220.4

合理设定汛前调水调沙排沙阶段的控制水位,既保证主汛期的供水安全,又使得调水调沙浑水阶段多排沙。

依据历年潼关来水过程,在 80% 供水保证率条件下,2015 年汛前调水调沙异重流排沙阶段的起始水位为 216 m。

(三)方案计算

1.计算边界条件

计算河段为小浪底—利津,地形边界由 2013 年汛后实测断面数据生成,出口水位条件采用 2014 年利津站设计水位—流量关系曲线。黄河下游床沙级配采用 2013 年汛后各站实测河床质级配资料,各河段日均引水流量见表 2-14。

表 2-14 黄河下游 6 月至 7 月上旬逐旬各河段引水流量及损失 (单位:m³/s)

河段	6 月上旬	6 月中旬	6 月下旬	7 月上旬	河道损失
小浪底—花园口	15	45	35	20	10
花园口—夹河滩	25	60	60	25	20
夹河滩—高村	55	116	100	20	20
高村—孙口	40	140	90	25	20
孙口—艾山	10	30	40	5	10
艾山—泺口	20	25	50	45	20
泺口—利津	35	20	30	45	20
利津以下	5	5	5	10	10
合计	205	441	410	195	130

2.设计洪水过程

4 个方案进入下游小浪底水库出库站水沙过程见图 2-22～图 2-25。各方案水沙量统计见表 2-15。

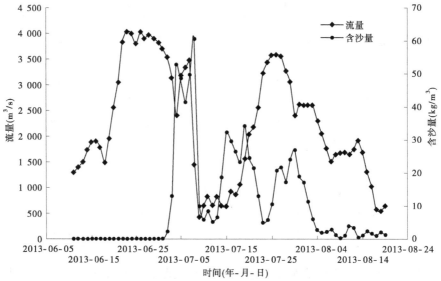

图 2-22 方案 1 进入下游设计水沙过程

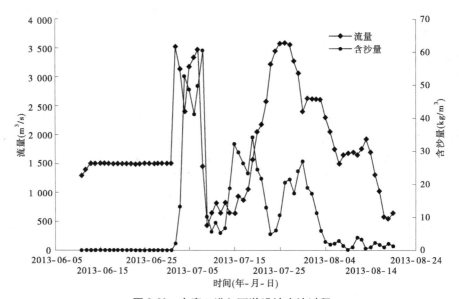

图 2-23 方案 2 进入下游设计水沙过程

表 2-15 不同计算方案进入下游水沙量

方案水沙条件	方案 1	方案 2	方案 3	方案 4
小浪底水量（亿 m³）	134.98	110.43	112.58	110.43
小浪底沙量（亿 t）	1.42	1.42	1.49	1.1
平均含沙量（kg/m³）	10.52	12.86	13.24	9.96
黑石关水量（亿 m³）	4.62			
武陟水量（亿 m³）	5.44			

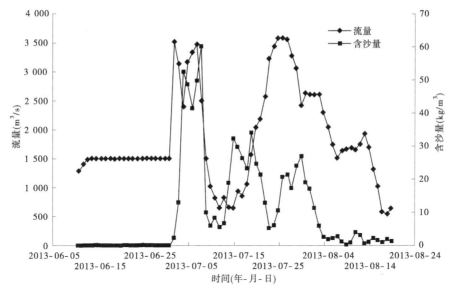

图 2-24　方案 3 进入下游设计水沙过程

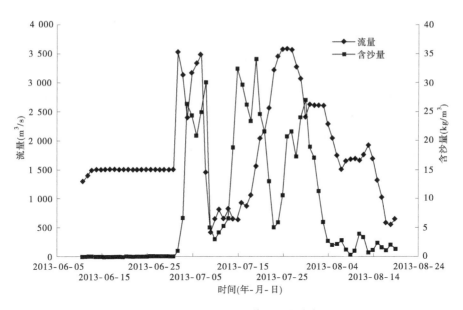

图 2-25　方案 4 进入下游设计水沙方程

设计洪水小浪底、武陟和黑石关水沙过程采用 2013 年汛前调水调沙实际过程,作为方案 1;方案 2 在方案 1 的基础上,将汛前调水调沙大流量过程取消,下泄流量按 1 500 m³/s 控制;方案 3 在方案 2 的基础上将小浪底水库排沙后期 3 d 流量较小过程分别增大 1 000 m³/s,相当于增加后续动力;方案 4 是在方案 2 的基础上,将汛前调水调沙排沙阶段的日平均含沙量减小一半。

3. 各方案计算成果分析

4个方案的计算成果见表2-16~表2-19。比较方案1和方案2,取消汛前调水调沙清水大流量后,清水阶段的冲刷将减小0.138亿t,而艾山—利津河段由冲刷0.369亿t转为淤积0.031亿t。比较方案3与方案2,将排沙3 d的流量增大,似乎对减小浑水阶段的淤积作用不大,仅少淤积了0.064亿t。比较方案4与方案2,将汛前调水调沙排沙阶段含沙量降低一半,可以有效减少下游河道的淤积,排沙阶段下游河道的淤积量将由0.127 9亿t减小为0.014 5亿t,少淤积了0.113 4亿t。

表2-16 方案1不同河段、不同时段冲淤量 (单位:万t)

河段	时间(月-日)				
	06-11—06-18	06-19—07-03	07-04—07-13	07-14—08-19	06-11—08-19
小浪底—花园口	−214	−461	496	−131	−310
花园口—高村	−153	−278	407	−109	−134
高村—艾山	−158	−638	−113	−669	−1 579
艾山—利津	−50	−369	31	−161	−549
全下游	−575	−1 746	821	−1 070	−2 572

表2-17 方案2不同河段、不同时段冲淤量 (单位:万t)

河段	时间(月-日)				
	06-11—06-18	06-19—07-03	07-04—07-13	07-14—08-19	06-11—08-19
小浪底—花园口	−195	−224	644	−127	98
花园口—高村	−133	−36	576	−150	257
高村—艾山	−128	−137	−59	−789	−1 113
艾山—利津	−28	31	118	−243	−122
全下游	−484	−366	1 279	−1 309	−880

表2-18 方案3不同河段、不同时段冲淤量 (单位:万t)

河段	时间(月-日)				
	06-11—06-18	06-19—07-03	07-04—07-13	07-14—08-19	06-11—08-19
小浪底—花园口	−195	−224	652	−124	109
花园口—高村	−133	−36	577	−126	283
高村—艾山	−128	−137	−103	−769	−1 137
艾山—利津	−28	31	89	−236	−143
全下游	−484	−366	1 215	−1 255	−888

表 2-19　方案 4 不同河段、不同时段冲淤量　　　　　　　　（单位：万 t）

河段	时间（月-日）				
	06-11—06-18	06-19—07-03	07-04—07-13	07-14—08-19	06-11—08-19
小浪底—花园口	−195	−226	203	−92	−309
花园口—高村	−133	−37	197	−85	−58
高村—艾山	−128	−136	−261	−729	−1 254
艾山—利津	−28	30	6	−215	−207
全下游	−484	−369	145	−1 121	−1 828

可见，取消汛前调水调沙清水大流量过程，汛前调水调沙全过程将由冲刷 0.092 5 亿 t 变为淤积 0.091 3 亿 t，艾山—利津河段也由冲刷 0.033 8 亿 t 转为淤积 0.014 9 亿 t。

五、主要认识与建议

（一）主要认识

（1）有必要继续开展汛前调水调沙。汛前调水调沙对下游河道冲刷作用显著，对艾山—利津河段作用更大。2007—2013 年全下游汛前调水调沙清水阶段冲刷量占到全年冲刷量的 33%，艾山—利津河段占 81%。

汛前调水调沙异重流排沙对小浪底水库减淤作用显著，对下游河道淤积影响不大。汛前调水调沙是小浪底水库全年排沙的重要时段，2007—2013 年汛前调水调沙人工塑造异重流排沙量占到全年排沙量的 54%。

（2）小浪底水库运用以来，随着下游河道的冲刷发展，河床粗化，河道冲刷效率逐步降低。汛前调水调沙清水大流量的冲刷效率从 2004 年的 16.8 kg/m^3 降低到 2013 年的 8.2 kg/m^3。

（3）近期汛前调水调沙可暂时取消第一阶段清水大流量泄放过程，应继续开展人工塑造异重流排沙。

汛前调水调沙后期的人工塑造异重流排沙过程在下游河道发生淤积，淤积集中在花园口以上河段，占全下游的 79%。汛前调水调沙第二阶段人工塑造异重流对下游过流能力较小的河段影响不大，应继续开展。

（4）新形势下的汛前调水调沙，应以不带清水大流量过程的以人工塑造异重流为核心的汛前调水调沙模式，与不定期开展带有清水大流量过程的人工塑造异重流的汛前调水调沙相结合为宜。

（5）近两年非汛期小浪底水库下泄 800~1 500 m^3/s（上冲下淤明显的流量级）流量天数显著增加，导致非汛期艾山—利津河段淤积加重（进入下游每 1 m^3 水淤积没有增加，由于该流量级总水量增加较多，总淤积量增加较多）。艾山—利津河段非汛期淤积的 0.05 mm 以上的粗颗粒泥沙，主要依靠汛前调水调沙第一阶段清水大流量过程冲刷。

（二）建议

（1）建议 2014 年开展以人工塑造异重流排沙为主体的汛前调水调沙试验。在之前调水调沙模式的基础上,取消汛前调水调沙第一阶段的清水大流量泄放过程,保留第二阶段人工塑造异重流排沙过程。

(2)建议不定期开展带有清水大流量泄放过程的汛前调水调沙,以下游最小过流能力不低于 4 000 m³/s 来控制,当最小过流能力接近 4 000 m³/s 时,开展汛前调水调沙清水大流量泄放过程,流量为接近下游最小平滩流量,水量以河道需要冲刷扩大的量级来控制。

为此,需要不定期开展带有清水大流量泄放过程的汛前调水调沙,来塑造和维持下游的中水河槽。

(3)建议汛前调水调沙第二阶段异重流排沙的对接水位为 216 m。合理设定汛前调水调沙排沙阶段的控制水位,既保证主汛期的供水安全,又使得调水调沙浑水阶段多排沙。2007 年以来汛前调水调沙异重流排沙量占小浪底水库排沙量的 53%,为小浪底水库排沙的重要手段。依据历年潼关来水过程,在 80%供水保证率条件下,2015 年汛前调水调沙异重流排沙阶段的起始水位为 216 m。

第三章 近期小浪底水库主汛期运用方式优化研究

小浪底水库总库容127.46亿 m^3,其中拦沙库容75亿 m^3。自1999年10月蓄水运用至2014年10月的15 a内,入库沙量为46.366亿t,出库沙量为10.112亿t,排沙比为21.8%。按沙量平衡法计算,库区淤积量为36.254亿t,按断面法计算,淤积量为30.326亿 m^3,平均达到设计拦沙库容的44.4%。

至2006年汛后,小浪底水库库区淤积量达到21.582亿 m^3,根据《小浪底水利枢纽拦沙初期运用调度规程》,已达到了拦沙初期与拦沙后期的界定值。因此,从2007年开始,水库运用进入拦沙后期。2007年以来小浪底水库年均排沙比为19.2%,细沙排沙比约28.4%。

依据《小浪底水利枢纽拦沙后期(第一阶段)运用调度规程》(简称《调度规程》),遵循"合理拦沙尽可能延长小浪底水库拦沙运用年限的同时,通过对出库水沙过程的调节,尽可能减少下游河道主河槽的淤积,增加并维持河道主槽的过流能力"的原则,通过小浪底水库2007—2014年前汛期(7月11日至8月20日,下同)水沙特点、洪水期水库调度、排沙效果等方面的分析,对近期小浪底水库前汛期运用方式进行优化。

一、水沙条件及水库运用

(一)水沙条件

小浪底水库运用以来,黄河枯水少沙,2007—2014年,平均入库水量为258.04亿 m^3、沙量为2.547亿t(见表3-1),年平均入库含沙量为9.9 kg/m^3。其中,汛期水量为128.77亿 m^3,占全年水量的49.9%;汛期沙量为2.348亿t,占全年沙量的92.2%。入库沙量相对较大的2013年,沙量为3.955亿t;2008年入库沙量较少,仅1.337亿t;入库水量相对较大的2012年,入库水量为358.24亿 m^3;2008年入库水量较少,仅218.12亿 m^3(见图3-1)。

表3-1 三门峡站不同时段年均水沙特征

年份	水量				沙量			
	汛期 (亿 m^3)	非汛期 (亿 m^3)	全年 (亿 m^3)	汛期占 全年(%)	汛期 (亿t)	非汛期 (亿t)	全年 (亿t)	汛期占 全年(%)
2007	122.06	105.71	227.77	53.6	2.514	0.611	3.125	80.4
2008	80.02	138.10	218.12	36.7	0.744	0.593	1.337	55.6
2009	85.01	135.43	220.44	38.6	1.615	0.365	1.980	81.6
2010	119.73	133.26	252.99	47.3	3.504	0.007	3.511	99.8
2011	125.33	109.28	234.61	53.4	1.748	0.005	1.753	99.7
2012	211.99	146.25	358.24	59.2	3.325	0.002	3.327	99.9
2013	174.29	148.27	322.56	54.0	3.948	0.007	3.955	99.8
2014	111.71	117.89	229.60	48.7	1.389	0	1.389	100.0
2007— 2014平均	128.77	129.27	258.04	49.9	2.348	0.199	2.547	92.2

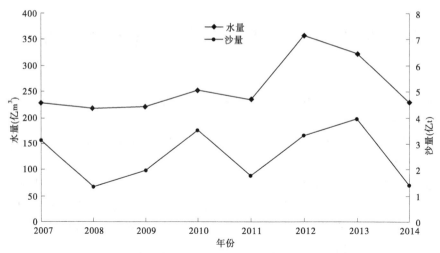

图 3-1　小浪底水库 2007—2014 年入库水沙量变化过程

(二)水库调度

2007 年以来,按照满足黄河下游防洪、减淤、防凌、防断流以及供水的主要目标,小浪底水库进行了防洪和春灌蓄水、调水调沙及供水等一系列调度(见图 3-2)。

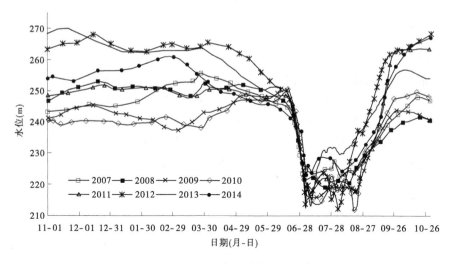

图 3-2　2007—2014 年小浪底水库库水位

小浪底水库运用一般可划分为三个时段:

第一阶段,一般为上年 11 月 1 日至次年汛前调水调沙,该期间又可分为防凌、春灌蓄水期和春灌泄水期,水位整体变化不大,水库主要任务是保证黄河下游工农业生产、城市生活及生态用水,水库向下游补水。

第二阶段,为汛前调水调沙生产运行期,一般从 6 月下旬至 7 月上旬。该阶段调水调沙生产运行又可分为两个时段,第一时段为小浪底水库清水下泄阶段,库水位大幅度下降;第二时段为小浪底水库排沙出库阶段。

第三阶段,为防洪运用以及水库蓄水,一般从7月中旬至10月。7月11日至8月20日(前汛期),由于受汛前调水调沙的影响,初期水位一般较低,随着汛前调水调沙的结束,水库蓄水,水位逐渐靠近汛限水位。在利用洪水进行汛期调水调沙的2007年、2010年以及2012年,7月11日至8月20日进行过降低水位排沙,其他年份水库蓄水至汛限水位附近后基本维持在汛限水位附近。依据《调度规程》,8月21日起水库蓄水位可以向后汛期汛限水位过渡,库水位持续抬升。8月下旬,库水位均超过前汛期汛限水位(见表3-2)。

表3-2　2007—2014年小浪底水库调水调沙调度期特征水位

年份		2007	2008	2009	2010	2011	2012	2013	2014
前汛期汛限水位(m)		225	225	225	225	225	230	230	230
最高水位	水位(m)	242.04	238.70	243.57	247.62	263.26	262.92	256.04	258.66
	日期(月-日)	09-30	09-30	09-30	09-27	09-30	09-28	09-30	09-30
最低水位	水位(m)	218.83	218.80	215.84	211.60	218.98	211.59	216.97	224.14
	日期(月-日)	08-07	07-23	07-13	08-19	07-11	08-04	07-11	08-08
超汛限水位日期(月-日)		08-22	08-22	08-30	08-26	08-24	08-18	08-09	08-26

小浪底水库运用以来,汛期最高水位达到268.09 m(2012年10月31日),最低水位191.72 m(2001年7月28日);非汛期最高水位达到270.04 m(2013年11月19日),最低水位180.34 m(2000年11月1日)。

2007—2014年小浪底水库特征水位见表3-3。

表3-3　2007—2014年小浪底水库特征水位

年份	汛限水位(m)	汛期				非汛期			
		最高水位(m)	日期(月-日)	最低水位(m)	日期(月-日)	最高水位(m)	日期(月-日)	最低水位(m)	日期(月-日)
2007	225	248.01	10-19	218.83	08-07	256.15	03-27	226.79	06-30
2008	225	241.60	10-19	218.80	07-22	252.90	12-20	225.10	06-30
2009	225	243.61	10-01	215.84	07-13	250.23	06-16	226.09	06-30
2010	225	249.70	10-18	211.60	08-19	250.84	06-18	230.56	06-30
2011	225	263.94	10-18	215.39	07-04	251.90	12-25	228.19	06-30
2012	230	268.09	10-31	211.59	08-04	267.90	12-16	226.18	06-30
2013	230	256.83	10-07	212.19	07-04	270.04	11-19	228.25	06-30
2014	230	266.86	10-31	222.51	07-05	260.86	02-24	236.62	06-30

(三)进出库泥沙及淤积物组成分析

表 3-4 给出了 2007—2014 年小浪底水库进出库泥沙及淤积物组成。2007 年以来,累计入库沙量 20.376 亿 t,其中细沙(细颗粒泥沙,$d \leqslant 0.025$ mm,下同)、中沙(中颗粒泥沙,0.025 mm$<d \leqslant 0.05$ mm,下同)、粗沙(粗颗粒泥沙,$d > 0.05$ mm,下同)分别为 10.552 亿 t、4.368 亿 t、5.456 亿 t,分别占入库沙量的 51.8%、21.4%、26.8%。

表 3-4 2007—2014 年小浪底库区淤积物及排沙组成

时段	级配	入库沙量(亿 t)		出库沙量(亿 t)		淤积量(亿 t)		全年入库泥沙组成(%)	全年排沙组成(%)	全年淤积物组成(%)	全年排沙比(%)
		汛期	全年	汛期	全年	汛期	全年				
2007—2014 年合计	细沙	9.962	10.552	4.136	4.469	5.826	6.083	51.8	76.1	41.9	42.3
	中沙	3.944	4.368	0.765	0.806	3.179	3.561	21.4	13.7	24.6	18.5
	粗沙	4.881	5.456	0.581	0.602	4.300	4.854	26.8	10.2	33.5	11.0
	全沙	18.787	20.376	5.482	5.877	13.305	14.498	100	100	100	28.8
2007—2014 年平均	细沙	1.245	1.319	0.517	0.559	0.728	0.760	51.8	76.1	41.9	42.4
	中沙	0.493	0.546	0.096	0.101	0.397	0.445	21.4	13.7	24.6	18.5
	粗沙	0.610	0.682	0.073	0.075	0.537	0.607	26.8	10.2	33.5	11.0
	全沙	2.348	2.547	0.686	0.735	1.662	1.812	100	100	100	28.8

2007—2014 年,累计出库沙量 5.877 亿 t,其中细沙、中沙、粗沙分别为 4.469 亿 t、0.806 亿 t、0.602 亿 t,分别占出库沙量的 76.1%、13.7%、10.2%。细沙、中沙、粗沙和全沙排沙比分别为 42.3%、18.5%、11.0%、28.8%;库区累计淤积量为 14.498 亿 t,其中细沙、中沙、粗沙分别为 6.083 亿 t、3.561 亿 t、4.854 亿 t,细沙、中沙、粗沙分别占淤积物总量的 41.9%、24.6% 和 33.5%。

总体来讲,2007—2014 年水库排沙较少,年均排沙比 28.8%,细沙排沙比仅 42.4%。库区泥沙淤积较多,尤其是细颗粒泥沙淤积较多,占淤积物总量的 41.9%。对下游不会造成大量淤积的细沙颗粒淤积在水库中,减少了淤积库容,降低了水库的拦沙效益,水库排沙较少,缩短了水库的使用寿命。

(四)水库排沙分析

小浪底水库进出库泥沙一般集中在汛前调水调沙期和汛期,2007—2014 年汛前调水调沙期和汛期来沙量占年入库沙量的 99.3%。其中,汛前调水调沙期和汛期年均来沙分别为 0.506 亿 t、2.022 亿 t,分别占全年来沙量的 19.9%、79.4%。可见,汛期是水库来沙的主要时段(见表 3-5)。

2007—2014 年汛前调水调沙期和汛期年均排沙分别为 0.386 亿 t、0.348 亿 t,分别占全年排沙的 52.5%、47.5%。汛前调水调沙排沙占全年排沙比例相对大一些,与来沙在时间上的分配不一致。

表 3-5　2007—2014 年小浪底水库不同时期进出库泥沙量

年份	入库沙量					出库沙量				
	入库量（亿 t）			占全年（%）		出库量（亿 t）			占全年（%）	
	全年	汛前调水调沙期	汛期*	汛前调水调沙期	汛期*	全年	汛前调水调沙期	汛期*	汛前调水调沙期	汛期*
2007	3.125	0.613	2.448	19.6	78.3	0.705	0.234	0.471	33.2	66.8
2008	1.337	0.741	0.533	55.4	39.9	0.462	0.458	0	99.0	0.9
2009	1.980	0.545	1.433	27.5	72.4	0.036	0.036	0	100.0	0
2010	3.511	0.418	3.086	11.9	87.9	1.361	0.553	0.808	40.6	59.4
2011	1.753	0.273	1.475	15.6	84.1	0.329	0.329	0	100.0	0
2012	3.327	0.448	2.877	13.5	86.5	1.295	0.576	0.719	44.5	55.5
2013	3.955	0.377	3.571	9.5	90.3	1.42	0.632	0.788	44.5	55.5
2014	1.389	0.636	0.753	45.8	54.2	0.269	0.269	0	100.0	0
年均	2.547	0.506	2.022	19.9	79.4	0.735	0.386	0.348	52.5	47.5

注："汛期*"指汛期扣除汛前调水调沙期，下同。

　　从 2007—2014 年平均来看，虽然汛前调水调沙期间小浪底水库排沙比达到 76.2%，但是由于汛期入库沙量相对较多，而排沙比仅 17.2%，所以小浪底水库年均排沙比还是较低，仅 28.8%。因此，除进行汛前调水调沙外，增加汛期排沙机会是减少小浪底水库淤积的有效途径。

　　根据 2007—2014 年小浪底水库调度的实际情况，8 月 21 日起水库蓄水，8 月下旬向后汛期汛限水位 248 m 过渡，水库排沙较少。

　　表 3-6 统计了汛期不同时段进出库沙量及排沙情况。2007—2014 年汛期年均进出库沙量分别为 2.022 亿 t、0.348 亿 t，其中前汛期年均进出库沙量分别为 0.999 亿 t、0.336亿 t，分别占汛期进出库沙量的 49.4%、96.6%。前汛期排沙量占汛期排沙总量的 96.6%，说明前汛期是汛期排沙的主要时段。

　　虽然前汛期是水库的主要排沙时段，加上前汛期入库沙量占汛期入库沙量的49.4%，但前汛期排沙比仅为 33.6%，因此汛期排沙比不高，仅 17.2%。要想提高汛期排沙效果，需要提高前汛期排沙比。当前汛期排沙比达到 100%，汛期排沙比为 50.0%；当前汛期排沙比达到 120.2%，汛期排沙比为 60%；当前汛期排沙比达到 140.5%，汛期排沙比为 70%。

表3-6　2007—2014年不同时段进出库沙量及排沙比

年份	入库			出库			排沙比(%)	
	汛期*沙量(亿t)	前汛期沙量(亿t)	前汛期占汛期*(%)	汛期*沙量(亿t)	前汛期沙量(亿t)	前汛期占汛期*(%)	汛期*	前汛期
2007	2.448	1.191	48.7	0.471	0.456	96.8	19.2	38.3
2008	0.533	0.138	25.9	0	0	—	0	0
2009	1.433	0.179	12.5	0	0	—	0	0
2010	3.086	1.993	64.6	0.808	0.755	93.4	26.2	37.9
2011	1.475	0.056	3.8	0	0	—	0	0
2012	2.877	1.439	50.0	0.719	0.693	96.4	25.0	48.2
2013	3.571	2.959	82.9	0.788	0.785	99.6	22.1	26.5
2014	0.753	0.04	5.3	0	0	—	0	0
平均	2.022	0.999	49.4	0.348	0.336	96.6	17.2	33.6

(五)近期水库淤积形态及输沙方式

小浪底水库运用以来,随着库区淤积的发展,三角洲顶点不断向坝前推进。至2014年10月,三角洲顶点移至距坝16.39 km的HH11断面,高程为222.71 m(见图3-3)。三角洲顶点以下库容为5.516亿m³,前汛期汛限水位230 m以下为10.879亿m³,后汛期汛限水位248 m以下为36.710亿m³(见表3-7)。从淤积形态分析,近期小浪底水库排沙方式仍为异重流排沙,由于三角洲顶点距坝较近,形成的异重流很容易排沙出库。

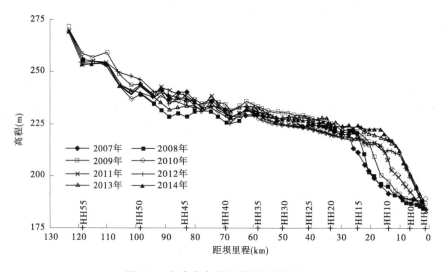

图3-3　小浪底水库汛后淤积纵剖面

表 3-7 2014 年 10 月各特征水位及对应库容

高程(m)	210	215	220	222.71	225	230	248	275
库容 (亿 m³)	1.595	2.560	4.271	5.516	6.834	10.879	36.710	96.734

根据水库不同的运用方式,淤积三角洲顶坡段输沙流态为壅水明流输沙、溯源冲刷及沿程冲刷。当水库运用水位接近或低于三角洲顶点时,在三角洲顶点附近形成异重流潜入,同时三角洲洲面发生溯源冲刷,洲面冲刷的泥沙补充了形成异重流的沙源,增大了水库排沙效果;当水库运用水位高于三角洲顶点时,三角洲洲面发生壅水明流输沙,入库泥沙会在洲面产生淤积,对水库排沙不利。因此,2015 年汛期有较高含沙水流入库时,建议库水位降至 215 m,甚至更低,以提高水库排沙效果。

二、前汛期小浪底水库来水来沙分析

(一)潼关水沙

图 3-4 给出了 2007—2014 年前汛期潼关水文站流量、含沙量关系。可以得到,潼关日均流量大于等于 2 600 m³/s 的洪水出现机会较少,仅 2012 年和 2013 年出现过,分别为 4 d 和 9 d,共出现 13 d,最大含沙量为 52.8 kg/m³(2013 年 7 月 25 日)。潼关流量大于等于 4 000 m³/s 的洪水仅 2013 年出现过 1 d。

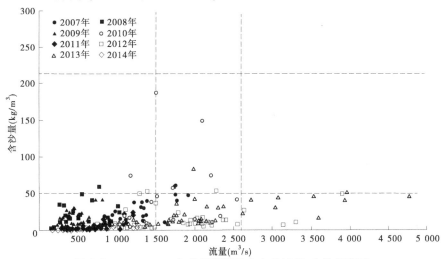

图 3-4 2007—2014 年前汛期潼关水文站流量、含沙量关系

前汛期洪水期间,潼关含沙量一般不超过 50 kg/m³。2007—2014 年前汛期潼关流量大于等于 1 500 m³/s 且含沙量大于等于 50 kg/m³ 的洪水共出现 9 d,分别为 2007 年 1 d、2010 年 4 d、2012 年 1 d、2013 年 3 d(见表 3-8)。除 2013 年 7 月 25 日潼关流量达到 3 960 m³/s,其他 8 d 潼关流量均介于 1 500~2 600 m³/s(见表 3-9)。

表 3-8　2000—2014 年前汛期潼关水文站不同流量、含沙量级天数　　　　（单位:d）

年份	$Q_潼<1\ 500\ m^3/s$			$1\ 500\ m^3/s \leqslant Q_潼 < 2\ 600\ m^3/s$			$Q_潼 \geqslant 2\ 600\ m^3/s$		
	天数	$S_潼 \geqslant 50$ (kg/m^3)	$S_潼 \geqslant 100$ (kg/m^3)	天数	$S_潼 \geqslant 50$ (kg/m^3)	$S_潼 \geqslant 100$ (kg/m^3)	天数	$S_潼 \geqslant 50$ (kg/m^3)	$S_潼 \geqslant 100$ (kg/m^3)
2007	35	0	0	6	1	0	0	0	0
2008	41	1	0	0	0	0	0	0	0
2009	41	0	0	0	0	0	0	0	0
2010	30	1	0	11	4	2	0	0	0
2011	41	0	0	0	0	0	0	0	0
2012	16	1	0	21	1	0	4	0	0
2013	8	0	0	24	2	0	9	1	0
2014	41	41	0	0	0	0	0	0	0
2007—2014 年均	31.6	5.5	0.0	7.8	1.0	0.3	1.6	0.1	0

表 3-9　2007—2014 年前汛期潼关水文站流量 $\geqslant 1\ 500\ m^3/s$
且含沙量 $\geqslant 50\ kg/m^3$ 的洪水出现日期及参数

日期 （年-月-日）	潼关			三门峡		
	流量 (m^3/s)	含沙量 (kg/m^3)	沙量 （亿 t）	流量 (m^3/s)	含沙量 (kg/m^3)	沙量 （亿 t）
2007-07-30	1 760	60.80	0.092	2 150	171.0	0.318
2010-07-26	2 100	149.05	0.270	2 150	147.0	0.273
2010-08-12	1 510	187.42	0.245	1 770	208.0	0.318
2010-08-14	2 210	74.21	0.142	1 920	102.0	0.169
2010-08-15	1 730	57.57	0.086	2 050	114.0	0.202
2012-07-30	2 290	53.28	0.105	3 260	88.7	0.250
2013-07-12	1 740	60.34	0.091	2 170	24.8	0.046
2013-07-18	1 990	83.92	0.144	2 450	34.2	0.072
2013-07-25	3 960	52.78	0.181	4 650	65.2	0.262

（二）三门峡水文站来水来沙

图 3-5 给出了 2007—2014 年三门峡水文站流量与含沙量关系。三门峡水文站日均

流量大于等于 2 600 m³/s 的洪水出现机会也不多,仅 2012 年和 2013 年出现过。表 3-10 为 2007 年以来 7 月 11 日至 8 月 20 日潼关不同流量级潼关、三门峡水量变化。7 月 11 日 至 8 月 20 日潼关站年均水量为 37.50 亿 m³。三门峡水量与潼关基本一致,为 37.82 亿 m³。

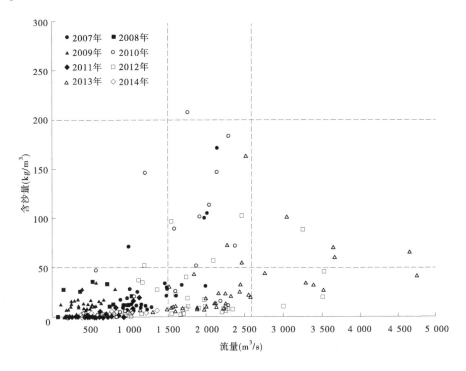

图 3-5 2007—2014 年 7 月 11 日至 8 月 20 日三门峡水文站流量与含沙量关系

表 3-11 为 2007 年以来 7 月 11 日至 8 月 20 日潼关、三门峡沙量。7 月 11 日至 8 月 20 日潼关、三门峡年均沙量分别为 0.824 亿 t、1.136 亿 t。

泥沙主要集中在洪水期输送,潼关日均流量大于 1 500 m³/s 时,7 月 11 日至 8 月 20 日为 0.605 亿 t,占时段来沙量的 73.4%。由于三门峡水库敞泄排沙,三门峡水文站沙量明显增加,为 0.961 亿 t,占该时段来沙量的 84.6%。潼关流量 1 500 m³/s~2 600 m³/s 时沙量最多,年均来沙 0.414 亿 t,占时段来沙量的 50.2%;三门峡为 0.697 亿 t,占时段来沙量的 61.3%。

图 3-6 给出了 2007—2013 年 7 月 11 日至 8 月 20 日潼关水量与沙量关系。随着水量的增加,即洪水增多,潼关来沙量不断增大。2007—2013 年潼关不同流量级下水量与沙量关系(见图 3-7)。

表 3-10 7月11日至8月20日潼关水文站不同流量级时潼关、三门峡水站水量

年份	Q潼<1500 m³/s 出现天数(d)	Q潼<1500 m³/s 水量(亿m³) 潼关	Q潼<1500 m³/s 水量(亿m³) 三门峡	1500 m³/s≤Q潼<2600 m³/s 天数(d) 出现	天数(d) 持续	水量(亿m³) 潼关	水量(亿m³) 三门峡	2600 m³/s≤Q潼<4000 m³/s 天数(d) 出现	天数(d) 持续	水量(亿m³) 潼关	水量(亿m³) 三门峡	Q潼≥4000 m³/s 天数(d) 出现	天数(d) 持续	水量(亿m³) 潼关	水量(亿m³) 三门峡	合计 水量(亿m³) 潼关	合计 水量(亿m³) 三门峡	合计 出现天数(d)
2007	35	27.67	27.33	6	3	8.94	9.61									36.61	36.94	41
2008	41	13.94	13.57													13.94	13.57	41
2009	41	14.62	14.90													14.62	14.9	41
2010	30	19.52	17.72	11	4	18.99	18.77									38.51	36.49	41
2011	41	21.82	19.74													21.82	19.74	41
2012	14	12.60	12.29	21	17	37.51	36.60	4	2	11.22	10.50					61.33	59.39	39
2013	8	8.55	11.08	24	7	40.11	44.57	8	5	22.90	23.93	1	1	4.13	4.10	75.69	83.68	41
年均	30	16.96	16.66	8.9		15.08	15.65	1.7		4.87	4.92	0.1		0.59	0.59	37.50	37.82	40.7

注:表中2012年扣除汛前调水调沙。

表 3-11 7月11日至8月20日潼关水文站不同流量级下潼关、三门峡水文站沙量

年份	Q潼<1500 m³/s 潼关 沙量(亿t)	占比(%)	三门峡 沙量(亿t)	占比(%)	1500 m³/s≤Q潼<2600 m³/s 潼关 沙量(亿t)	占比(%)	三门峡 沙量(亿t)	占比(%)	2600 m³/s≤Q潼<4000 m³/s 潼关 沙量(亿t)	占比(%)	三门峡 沙量(亿t)	占比(%)	Q潼≥4000 m³/s 潼关 沙量(亿t)	占比(%)	三门峡 沙量(亿t)	占比(%)	合计(亿t) 潼关	合计(亿t) 三门峡
2007	0.466	56.3	0.408	34.2	0.362	43.7	0.783	65.8									0.828	1.191
2008	0.238	100	0.138	100													0.238	0.138
2009	0.210	100	0.179	100													0.210	0.179
2010	0.219	17.7	0.194	9.7	1.016	82.3	1.798	90.3									1.235	1.992
2011	0.123	100	0.056	100													0.123	0.056
2012	0.182	18.6	0.146	10.1	0.521	53.3	0.965	67.1	0.276	28.2	0.328	22.8					0.979	1.439
2013	0.092	4.3	0.101	3.4	1.001	46.4	1.333	45.1	0.874	40.5	1.353	45.7	0.191	8.8	0.172	5.8	2.158	2.959
年均	0.219	26.6	0.175	15.4	0.414	50.2	0.697	61.3	0.164	19.9	0.240	21.1	0.027	3.3	0.025	2.2	0.824	1.136

注:表中2012年扣除汛前调水调沙。

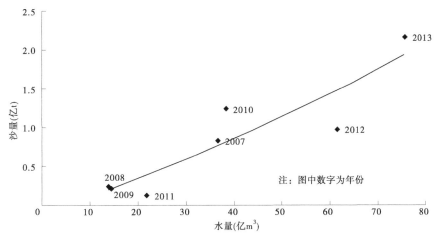

图 3-6　2007—2013 年 7 月 11 日至 8 月 20 日潼关水文站水量与沙量关系

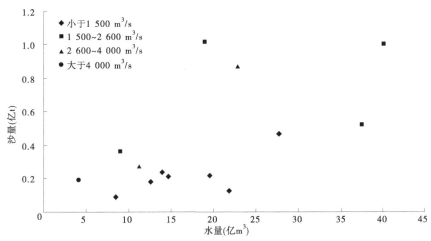

图 3-7　2007—2013 年潼关水文站不同流量级下水量与沙量关系

当潼关汛期流量大于等于 1 500 m³/s 时,三门峡水库敞泄冲刷,三门峡水文站沙量一般增加。三门峡沙量主要集中在潼关流量为 1 500~4 000 m³/s 的洪水期间,7 月 11 日至 8 月 20 日尤为集中;7 月 11 日至 8 月 20 日潼关流量为 1 500~2 600 m³/s 时,沙量超过 0.3 亿 t,而三门峡沙量更大,均在 0.8 亿 t 以上(见图 3-8)。

7 月 11 日至 8 月 20 日小浪底水库入库沙量集中在潼关出现的流量大于 1 500 m³/s 且含沙量超过 50 kg/m³ 的洪水过程。2007 年以来潼关共出现 5 场流量大于 1 500 m³/s 且含沙量大于 50 kg/m³ 的洪水。表 3-12 给出了洪水期间各水文站沙量及其占 7 月 11 日至 8 月 20 日沙量比例。2007—2013 年 7 月 11 日至 8 月 20 日潼关沙量共 5.771 亿 t,流量大于 1 500 m³/s 且含沙量超过 50 kg/m³ 的洪水过程期间,潼关沙量为 4.177 亿 t,而三门峡对应沙量分别为 7.954 亿 t、6.639 亿 t,即潼关出现流量大于 1 500 m³/s 且含沙量超过 50 kg/m³ 的洪水过程期间,小浪底水库入库沙量占 7 月 11 日至 8 月 20 日的 83.5%。从表 3-12 还可以看出,2007 年、2010 年、2012 年和 2013 年,洪水期间入库沙量占 7 月 11 日至 8 月 20 日的 70.0% 以上。如 2010 年、2013 年 7 月 11 日至 8 月 20 日小浪底水库入

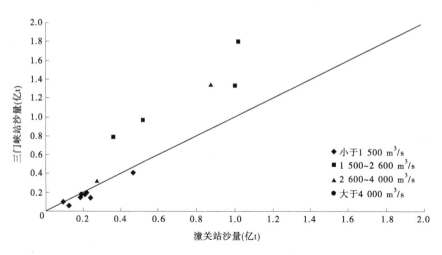

图 3-8 2007—2013 年不同流量级下潼关站与三门峡站沙量关系

库沙量分别为 1.992 亿 t、2.959 亿 t,而潼关出现流量大于 1 500 m³/s 且含沙量超过 50 kg/m³ 的洪水过程期间,入库沙量分别为 1.235 亿 t、2.158 亿 t,分别占 7 月 11 日至 8 月 20 日入库沙量的 99.4%、90.3%。潼关未出现该洪水过程的 2008 年、2009 年、2011 年,7 月 11 日至 8 月 20 日小浪底入库沙量也较小,分别为 0.138 亿 t、0.179 亿 t、0.056 亿 t。因此,潼关站出现流量大于 1 500 m³/s 且含沙量超过 50 kg/m³ 的洪水时,应开展以小浪底水库减淤为目的的汛期调水调沙。

表 3-12 潼关流量大于 1 500 m³/s 且含沙量大于 50 kg/m³ 洪水时各水文站沙量及比例

年份	时段 (月-日)	潼关沙量 (亿 t)	三门峡沙量 (亿 t)	洪水期占前汛期比例(%)	
				潼关	三门峡
2007	07-11—08-20	0.828	1.191		
	07-29—08-08	0.369	0.834	44.6	70.0
2008	07-11—08-20	0.238	0.138		
2009	07-11—08-20	0.210	0.179		
2010	07-11—08-20	1.235	1.992		
	07-24—08-03	0.469	0.901	38.0	45.2
	08-11—08-21	0.738	1.079	59.8	54.2
2011	07-11—08-20	0.123	0.056		
2012	07-11—08-20	0.979	1.439		
	07-24—08-06	0.683	1.152	69.8	80.1
2013	07-11—08-20	2.158	2.959		
	07-11—08-05	1.918	2.673	88.9	90.3
2007—2013 合计	07-11—08-20	5.771	7.954		
	洪水期	4.177	6.639	72.4	83.5

三、洪水排沙效果影响因素分析

(一)汛期历次洪水排沙分析

小浪底水库汛期排沙效果与入库水沙、水库调度运用、边界条件等因素密切相关。表 3-13、表 3-14 给出了 2007 年以来潼关出现流量大于 1 500 m^3/s 且含沙量大于 50 kg/m^3 的 5 场洪水排沙的相关参数。

表 3-13　2007—2014 年洪水期间特征参数

	年份		2007	2010	2010	2012	2013
	时段(月-日)		07-29—08-08	07-24—08-03	08-11—08-21	07-24—08-06	07-11—08-05
	历时(d)		11	11	11	14	26
三门峡	水量(亿 m^3)		13.008	13.275	15.456	23.337	59.556
	沙量(亿 t)		0.834	0.901	1.092	1.152	2.673
	流量(m^3/s)	最大值	2 150.0	2 380.0	2 280.0	3 530.0	4 740.0
		平均值	1 368.7	1 396.8	1 626.3	1 929.3	2 651.2
	含沙量(kg/m^3)	最大值	171.00	183.00	208.00	103.00	164.00
		平均值	64.12	67.87	70.67	49.38	44.89
小浪底	水量(亿 m^3)		19.739	14.376	19.824	30.491	48.127
	沙量(亿 t)		0.426	0.258	0.508	0.660	0.756
	滞留沙量(亿 t)		0.408	0.643	0.584	0.492	1.917
	流量(m^3/s)	最大值	2 930.0	2 140.0	2 650.0	3 100.0	3 590.0
		平均值	2 076.9	1 512.6	2 085.8	2 520.7	2 142.4
	含沙量(kg/m^3)	最大值	74.59	45.40	41.20	41.40	34.20
		平均值	21.56	17.93	25.61	21.657	15.70
小浪底库区	三角洲顶点	距坝里程(km)	33.48	24.43	24.43	16.93	10.32
		高程(m)	221.94	219.61	219.61	214.16	208.91
	三角洲比降(‰)	顶坡段	2.63	2.04		3.46	3.46
		前坡段	16.48	22.1		20.58	30.32
	水位(m)	最小值	218.83	217.53	211.60	211.59	216.97
		最大值	227.74	222.66	221.66	222.71	231.99
		洪水前	224.85	217.53	221.58	222.71	216.97
		洪水后	219.73	217.99	212.65	214.31	229.59
	最大回水距坝(km)		52.35	34.15	33.70	46.32	71.7
	洲面最大明流壅水输沙距离(km)		18.87	9.72	9.27	29.39	61.38
小浪底水库排沙比(%)			51.08	28.63	46.52	57.29	28.28

表 3-14 2007—2014 年洪水期小浪底入库输沙率大于 100 t/s 时的特征参数表

年份		2007	2010	2010	2012	2013
时段(月-日)		07-29—31	07-26—29	08-12—16	07-24、07-29—08-01	07-14—15、07-19—20、07-23—30
历时(d)		3	4	5	4	12
水量(亿 m³)	入库	5.31	7.52	7.38	11.15	34.58
	出库	5.00	6.14	10.20	11.95	26.80
	蓄泄量	0.31	1.38	-2.82	-0.80	7.78
沙量(亿 t)	入库	0.672	0.868	0.965	0.841	2.135
	出库	0.231	0.218	0.303	0.348	0.480
	冲淤量	0.441	0.650	0.662	0.493	1.655
水库排沙比(%)		34.4	25.1	31.4	41.4	22.5
入库沙量占整场洪水沙量比例(%)		80.6	96.3	88.4	73.0	79.9
滞留量占整场洪水比例(%)		108.1	101.1	113.4	100.2	86.3
排沙水位(m)		226.37	222.01	219.49	217.8	230.07
回水距坝(km)		43.85	33.94	24.23	31.12	58.0
洲面壅水明流输沙距离(km)		10.37	9.51	0	14.7	47.68
水位与三角洲顶点高差(m)		4.43	2.4	-0.12	3.64	21.16

2007 年 7 月 29 日至 8 月 8 日与 2010 年 7 月 24 日至 8 月 3 日,在入库水量、沙量相差不大,前者回水最大范围 52.35 km,明显大于后者 34.15 km,前者出库沙量和排沙比分别为 0.426 亿 t 和 51.08%,而后者分别为 0.258 亿 t 和 28.63%,前者明显大于后者。分析发现,输沙率大于 100 t/s 的入库沙量占整场洪水入库沙量比例较大,两者分别为 80.6%、96.3%。在此期间,虽然前者排沙水位与三角洲顶点高差 4.43 m 大于后者 2.4 m,但在洪水过程中前者蓄水 0.31 亿 m³,明显小于后者蓄水 1.38 亿 m³,水库蓄水使得运行至坝前的浑水大量滞留,泥沙落淤,影响了排沙效果。两场洪水在入库输沙率大于 100 t/s 期间滞留泥沙分别为 0.441 亿 t、0.650 亿 t,排沙比分别为 34.4%、25.1%,前者排沙效果优于后者。

对比 2010 年 7 月 24 日至 8 月 3 日与 8 月 11—21 日两场洪水可以发现,在地形条件相差不大,后者入库水量、沙量相对较大一些的情况下,两个时段出库沙量分别为 0.258 亿 t、0.508 亿 t,排沙比分别为 28.63%、46.52%,后者排沙效果明显优于前者。分析发现,输沙率大于 100 t/s 的入库沙量占整场洪水入库沙量比例较大,两个时段分别为 96.3%、88.4%。在此期间,后者排沙水位低于三角洲顶点 0.12 m,水库泄量大于入库水量;而前者排沙水位高于三角洲顶点 2.4 m,水库处于蓄水状态,泥沙落淤严重。入库输沙率大于 100 t/s 的两场洪水排沙比分别为 25.1%、31.4%,后者排沙效果优于前者。

总体来看,虽然 2010 年 8 月 11—21 日洪水排沙效果优于 7 月 24 日至 8 月 3 日,入库输沙率大于 100 t/s 的水库泄量大于入库水量,但在入库输沙率达到最大值 368 t/s 的 8 月 12 日,进出库流量分别为 1 770 m³/s、1 470 m³/s,库区滞留沙量 0.307 亿 t。

2013 年 7 月 11 日至 8 月 5 日入库水量、沙量是这几次洪水中最大的,水量为 59.556 亿 m³,沙量为 2.673 亿 t。输沙率大于 100 t/s 的水流入库期间,小浪底水库处于持续蓄水状态,蓄水量达到 7.780 亿 m³,水位高达 230.07 m,库区三角洲顶坡段壅水明流输沙距离达到 47.68 km,洲面泥沙落淤严重,滞留沙量 1.655 亿 t,排沙比 22.5%。由于本场洪水入库沙量大,排沙量也比较大,为 0.756 亿 t,但排沙比仅 28.28%,为这几场洪水中最小值。

2012 年 7 月 24 日至 8 月 6 日洪水,是这几场洪水过程排沙效果最好的,出库沙量 0.660 亿 t,排沙比为 57.29%。分析发现,输沙率大于 100 t/s 的水流入库期间,水库整体下泄水量大于入库水量,水库补水 0.80 亿 m³,滞留沙量 0.493 亿 t,排沙比 41.4%,而且本场洪水中后期,水库运用水位持续降低,提高了排沙效果。虽然如此,7 月 24 日入库输沙率为 254.4 t/s,而出库为 0,造成库区滞留泥沙 0.220 亿 t,这也使入库输沙率大于 100 t/s 的水流排沙效果受到影响,从而也影响到整场洪水排沙效果。

对以上 5 场洪水过程及水库调度情况分析可以发现,洪水初期,入库沙量较大,一般占整场洪水沙量的 80% 以上。而在此期间,5 场洪水排沙调度均存在库水位相对较高,下泄水量小于入库水量的现象。水位较高意味着高含沙水流运行至坝前时壅水输沙距离较长,下泄水量小于入库水量说明运行至坝前的高含沙洪水不能及时排泄出库,这种调度大大降低了水库排沙效果,从而使整场洪水的排沙效果受到影响。从表 3-14 可以得到,入库输沙率大于 100 t/s 期间,5 场洪水滞留沙量均较大,占整场洪水滞留沙量的 86% 以上,而此期间,水库排沙比小,最大 41%。

(二)洪水排沙效果及水库调度综合分析

汛前调水调沙排沙期小浪底水库排出库外的泥沙有三种来源:一是黄河中游发生小洪水期间潼关水文站以上的来沙;二是淤积在三门峡水库中的泥沙,这部分泥沙通过水库调节、潼关来水,包括万家寨水库补水的冲刷,进入小浪底水库,是形成异重流的主要沙源;三是来自于小浪底水库顶坡段自身冲刷的泥沙,三门峡水库在调水调沙初期下泄的大流量过程冲刷堆积在水库上段的淤积物,其中部分较细颗粒泥沙以异重流方式排沙出库。近几年来自潼关以上的泥沙较少,小浪底水库排出库外的泥沙主要是三门峡水库在调水调沙初期,下泄清水冲刷的小浪底库区的泥沙和三门峡水库排泄的泥沙。

2010—2013年汛前调水调沙排沙期小浪底水库排沙比均大于100%。其中2013年高达167.6%,之所以取得较好的排沙效果,一方面是三门峡水库在调水调沙初期下泄大流量清水使得小浪底水库库区发生大量冲刷,并在回水区形成异重流运行至坝前;另一方面三门峡水库下泄高含沙水流期间,小浪底水库出库水量基本大于入库水量,降低了高含沙水流入库期间泥沙的滞留。表3-15给出了2010—2013年汛前调水调沙排沙期小浪底水库水沙特征参数。入库输沙率大于100 t/s期间的入库沙量一般占调水调沙排沙期入库沙量的70%以上,而在此期间,小浪底水库加大下泄流量,库水位降低,含沙水流运行至坝前,泥沙滞留相对较少,排沙比一般大于70%。如2013年入库输沙率大于100 t/s的入库沙量0.368亿t,占调水调沙排沙期入库沙量的97.5%,出库0.269亿t,排沙比达到73.1%。

对比分析汛期5场洪水及2010—2013年汛前调水调沙排沙效果可以发现,输沙率大于100 t/s的入库沙量均占整场洪水入库沙量的70%以上,汛期比例更高;汛期高含沙洪水排沙比一般在30%左右,最大达到41.4%,而汛前调水调沙期高含沙洪水排沙比在70%以上,最大为97.5%。因此,高含沙洪水期间水库排沙效果直接影响到整场洪水的排沙效果。在水沙条件、地形条件一定的情况下,要取得洪水期间较好的排沙效果,建议在高含沙洪水运行至回水末端之前降低库水位,以缩短库区壅水输沙距离,减小洲面泥沙落淤,同时还要保证高含沙洪水运行至坝前时出库流量不小于入库流量,以使运行至坝前的异重流能够及时排泄出库,缩短含沙水流在库区的滞留时间。

表3-15 2010—2013年汛前调水调沙排沙期小浪底水库水沙特征参数

	年份		2010	2011	2012	2013
排沙期	时段(月-日)		07-04—07	07-04—07	07-02—12	07-02—09
	历时(d)		4	4	11	8
	流量(m³/s)	入库	1 656	1 724	1 791	1 730
		出库	2 195	1 877	1 956	2 613
	含沙量(kg/m³)	入库	73.1	45.8	26.3	31.5
		出库	72.9	50.7	31.0	35.0
	水量(m³)	入库	5.72	5.96	17.02	11.96
		出库	7.59	6.49	18.58	18.06
	沙量(亿t)	入库	0.418	0.273	0.448	0.377
		出库	0.553	0.329	0.576	0.632
	小浪底水库排沙比(%)		132.3	120.5	128.8	167.5

	年份		2010	2011	2012	2013
入库输沙率大于100 t/s时段	时段(月-日)		07-05	07-05	07-05—06	07-06—07
	历时(d)		1	1	2	2
	流量 (m³/s)	入库	1 370	2 820	2 530	2 645
		出库	2 380	2 190	2 575	3 410
	含沙量 (kg/m³)	入库	249.0	82.6	94.0	80.4
		出库	123.0	80.4	64.6	45.6
	水量 (m³)	入库	1.18	2.44	4.37	4.57
		出库	2.06	1.89	4.45	5.89
		蓄水量	-0.87	0.54	-0.08	-1.32
	沙量 (亿 t)	入库	0.295	0.201	0.411	0.368
		出库	0.253	0.152	0.288	0.269
		滞留量	0.042	0.049	0.123	0.099
	排沙水位(m)		220.6	218.1	220.17	216.47
	三角洲顶点高程(m)		219.61	214.34	214.16	208.91
	小浪底水库排沙比(%)		85.8	75.6	70.0	73.1
	入库沙量占排沙期入库沙量比例(%)		70.5	73.7	91.8	97.5

四、近期主汛期运用方式优化

2007 年以来,调水调沙期来沙较多,占全年入库沙量的 76.1%,而调水调沙排沙比为 19.2%,细沙排沙比为 28.4%。资料表明,小浪底水库细沙排沙比随全沙排沙比的增加而大幅度增加。根据目前地形条件以及 2007 年以来洪水特点及调度情况,建议小浪底水库加强汛期调水调沙,以减缓水库淤积,延长水库的拦沙寿命。

(一)较高含沙洪水调度方式

7 月 11 日至 8 月 20 日小浪底水库入库沙量集中在潼关出现的流量大于 1 500 m³/s 且含沙量超过 50 kg/m³ 的洪水过程,而 2007 年以来潼关流量大于 1 500 m³/s 且含沙量超过 50 kg/m³ 的洪水共出现 9 d。因此,7 月 11 日至 8 月 20 日适时开展以小浪底水库减淤为目的的调水调沙,具体调度方式如下:

若三门峡水库 6 月以来没有发生敞泄排沙,则当预报潼关流量大于等于 1 500 m³/s 持续 2 d 时,小浪底水库开始进行调水调沙,塑造有利于下游输沙塑槽的洪水过程。小浪底水库按控制花园口流量等于 3 000 m³/s 开始预泄,直至低水位(210～215 m)。根据后续来水情况尽量将三门峡水库敞泄时间放在小浪底水位降至低水位后,三门峡水库敞泄排沙时小浪底水库维持低水位排沙。当潼关流量小于 1 500 m³/s 且三门峡水库出库含沙量小于 50 kg/m³ 时,或者小浪底水库保持低水位持续 4 d 且三门峡水库出库含沙量小于 50 kg/m³ 时,水库开始蓄水,小浪底水库按满足灌溉、发电用水并考虑下游河道生态用水要求控制出库流量。

若三门峡水库当年发生过敞泄排沙,则当预报潼关流量大于等于 1 500 m³/s 持续 2 d、含沙量大于 50 kg/m³ 时,小浪底水库开始进行调水调沙,水库调度运用同前。

按上述调水调沙,小浪底水库出库水沙过程在初始是大流量清水过程,对维持下游河槽过流能力有利,后期是小水高含沙过程,会在黄河下游河道淤积,主要是淤积在花园口以上河段,可待下次调水调沙恢复。

(二)相机凑泄造峰调水调沙

根据《小浪底水库拦沙后期防洪减淤运用方式研究》成果,调水调沙期,当出现潼关水文站、三门峡水文站平均流量大于 2 600 m³/s 且水库可调节水量大于等于 6 亿 m³ 时,水库开展相机凑泄造峰调水调沙,以利用自然洪水排沙、检验下游河道工程及过流能力,同时塑造下游中水河槽。

7 月 11 日至 8 月 20 日,潼关日均流量大于 2 600 m³/s 的洪水出现机会较少,而 7 月 11 日至 8 月 20 日潼关日均流量大于 2 600 m³/s 时,小浪底水库入库沙量占 7 月 11 日至 8 月 20 日比例较大。与后汛期相比,库水位相对较低,能够取得一定的排沙效果。因此,当满足相机凑泄造峰条件时,开展相机凑泄造峰调水调沙。调度原则采用《小浪底水库拦沙后期防洪减淤运用方式研究》成果。

(三)不完全蓄满造峰调水调沙

根据目前水库淤积情况,7 月 11 日至 8 月 20 日水库运用情况以及近期水沙条件,若当年未开展相机凑泄造峰调水调沙,建议 7 月 11 日至 8 月 20 日开展以减缓水库淤积和检验下游工程适应性及河道过流能力为目的的汛期不完全蓄满造峰调水调沙。

1. 不完全蓄满造峰调水调沙含义

近期 7 月 11 日至 8 月 20 日汛限水位为 230 m,相应可调水量无法满足蓄满造峰蓄水 13 亿 m³ 的要求。在这种情况下,为了减少水库淤积和维持下游中水河槽过流能力及检验下游工程适应性,提出不完全蓄满造峰调水调沙,即当小浪底水库可调节水量大于等于 8 亿 m³ 时,小浪底水库开始进行不完全蓄满造峰调水调沙。

2. 不完全蓄满造峰调水调沙建议

若当年 8 月 10 日前未开展相机凑泄造峰调水调沙,且 8 月 10 日预报潼关无大于 2 600 m³/s 洪水,则当小浪底水库可调节水量大于等于 8 亿 m³ 时,小浪底水库开始进行不完全蓄满造峰调水调沙。首先按控制花园口流量 3 000 m³/s 泄放,直至小浪底库水位降至三角洲顶点时,三门峡水库敞泄排沙,小浪底水库改为按控制花园口流量 2 600 m³/s 泄放;当小浪底水库库水位降至 210 m 时,维持 210 m 排沙。当潼关流量小于 1 500 m³/s 且三门峡水库出库含沙量小于 50 kg/m³ 时,或者小浪底水库维持 210 m 持续 4 d 且三门峡水库出库含沙量小于 50 kg/m³ 时,水库开始蓄水。之后小浪底水库按满足灌溉、发电用水并考虑下游河道生态用水要求控制出库流量。

按上述调水调沙,小浪底水库出库水沙过程在初始段按大流量清水过程下泄,对维持下游河槽过流能力有利,后期是小水高含沙洪水过程,会在黄河下游河道淤积,主要是淤积在花园口以上河段,可待下次调水调沙恢复。

　　水库调度见图 3-9。

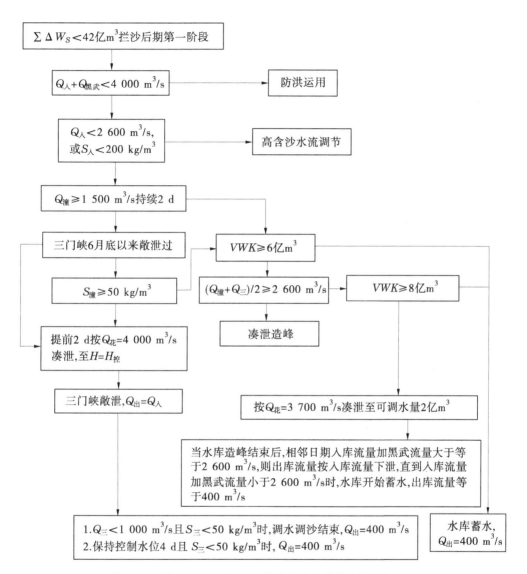

图 3-9　7 月 11 日至 8 月 20 日优化方案调节指令执行框图

第四章　黑山峡河段开发功能定位论证中有关河道冲淤及泥沙输移特性探讨

黑山峡河段开发功能定位和开发方案争议时间较长,水库减缓河道淤积的作用大小是争议的一个重要焦点,其中提出的关键问题为"粗泥沙是否能冲刷"。本章基于泥沙运动学及河床演变学科的角度,以宁蒙河道分组泥沙资料为基础,分析粗泥沙来源和输移的特点,回答"粗泥沙能否冲刷"的争议,同时剖析 1986—1999 年宁蒙河道淤积原因,进而提出黑山峡河段开发对减淤作用的认识。

一、宁蒙河道粗细泥沙分界研究

(一) 实测河床组成分析

粗细泥沙分开,有着鲜明的生产实用意义。河道淤积物中大多数是大于某一粒径的泥沙,也就是说,造成河道淤积的是比这一粒径粗的泥沙,如果能减少这部分泥沙,减少河道淤积的效果非常显著。从实际勘测的河床组成能比较清楚地找到这一粒径,一般以 80%~90% 大于某粒径组的泥沙为粗泥沙。这一粒径不是固定的,是与水沙及河床状况紧密相关的,但是长时期基本上处于一定范围。从 1981 年观测的黄河下游各站的床沙组成来看(见图 4-1),粗泥沙粒径为 0.02~0.06 mm。利用系统观测的 2014 年宁蒙河道各水文站的床沙级配(图 4-2、表 4-1),可看到粗泥沙粒径在 0.05~0.11 mm,比黄河下游泥沙粒径偏粗。

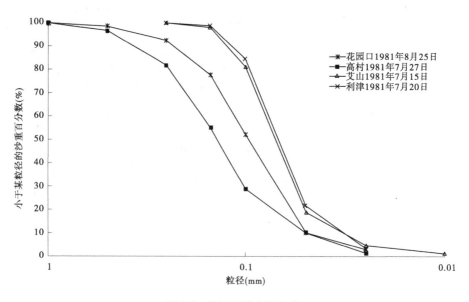

图 4-1　黄河下游床沙组成

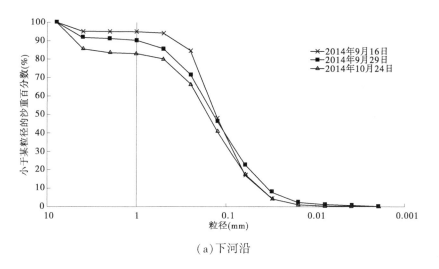

（a）下河沿

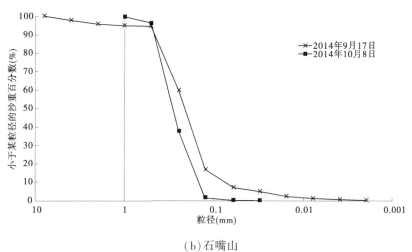

（b）石嘴山

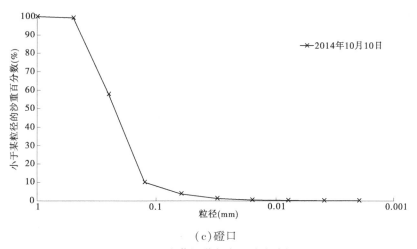

（c）磴口

图 4-2 宁蒙河道各水文站床沙级配

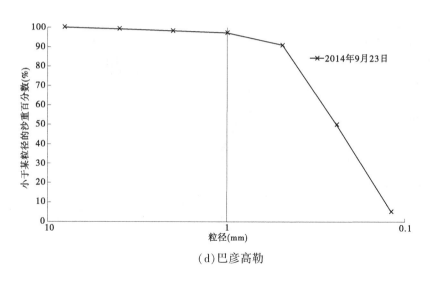

（d）巴彦高勒

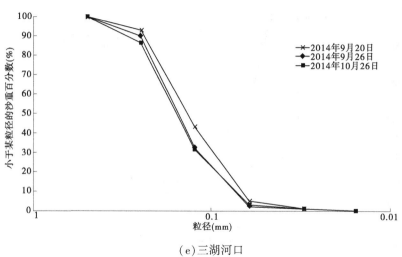

（e）三湖河口

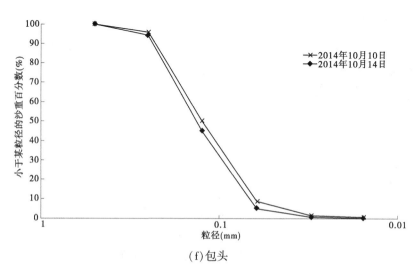

（f）包头

续图 4-2

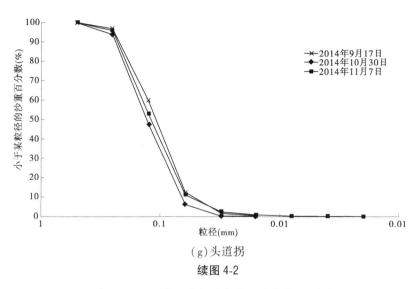

（g）头道拐

续图 4-2

表 4-1　2014 年宁蒙河道各水文站床沙中值粒径

水文站	床沙中值粒径（mm）
下河沿	0.06~0.07
石嘴山	0.06~0.11
磴口	0.10~0.11
巴彦高勒	0.10~0.11
三湖河口	0.06~0.07
包头	0.06~0.07
头道拐	0.05~0.06

（二）基本理论计算

分界粒径是指参与床沙与悬移质泥沙（简称悬沙,下同）交换的临界粒径,基于非均匀泥沙不平衡输沙理论,可计算悬沙中的粗、细泥沙分界沉速 $\omega_{1.1}^{*}$：

$$\omega_{1.1}^{*} = \left(\sum \frac{P_{1.k.1} S^{*}(k)}{P_1 S^{*}(\omega_{1.1}^{*})} \omega_k^m \right)^{1/m}$$

式中：P_1 为可悬沙所占百分比,指床沙中与悬沙级配相应部分（可悬移部分）泥沙的累积百分比；$S^{*}(k)$、$P_{1.k.1}$ 分别为床沙中可悬移的粒径分组挟沙力与其相应的百分比；ω_k 为各粒径组相应的沉速；k 为粒径组编号。

由分界沉速可求出粗细泥沙的分界粒径。选取实测资料齐全的石嘴山、巴彦高勒、头道拐 3 个水文站 20 世纪 80 年代的水沙资料,实测资料流量为 236~4 870 m³/s,含沙量为 0.92~17.7 kg/m³。计算结果表明,石嘴山站的分界粒径为 0.008~0.191 mm,巴彦高勒站的分界粒径为 0.047~0.157 mm,头道拐站的分界粒径为 0.04~0.148 mm（见表 4-2）。总体上,石嘴山水文站的分界粒径最粗,巴彦高勒水文站次之,头道拐水文站最细。为分析计算分界粒径的集中范围,对 3 个水文站的分界粒径进行频率计算(见图 4-3),结果表明,相对最集中的粒径在 0.07~0.09 mm,占到整个粒径组次的 25%。

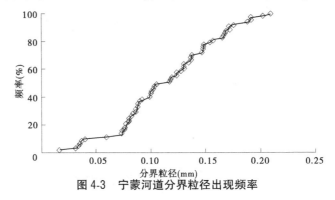

图 4-3　宁蒙河道分界粒径出现频率

同时,计算了中游龙门及黄河下游水文站分界粒径(见表 4-2),龙门分界粒径较粗,黄河下游较细,为 0.03~0.07 mm,也从理论上说明黄河下游粗沙定义为 0.05 mm 以上是有科学依据的,同时说明计算结果是比较合理的,反映了黄河各河段不同水流、河床条件下泥沙颗粒的运动重力特性。

表 4-2　黄河水文站分界粒径计算成果

水文站	时间 (年-月-日)	流量 (m³/s)	实测含沙量 (kg/m³)	分界粒径 (mm)
石嘴山	1981—1988	285~3 240	2.14~13.9	0.008~0.191
巴彦高勒	1981—1988	346~3 630	0.92~17.7	0.047~0.157
头道拐	1981—1987	236~4 870	0.93~11.5	0.04~0.148
龙门	1977-07-07	2 900	483	0.090
花园口	1983-07-22	3 740	23.2	0.063
高村	1973-09-24	1 770	36.6	0.064
孙口	1973-09-25	1 660	33.3	0.066
艾山	1973-09-05	3 000	200	0.032
利津	1981-07-18	1 940	52.1	0.036

二、洪水期分组泥沙冲淤与水沙条件的关系

(一)洪水期分组泥沙冲淤变化规律

本次研究采用沙量平衡法计算宁蒙河段河道洪水期分组泥沙(简称分组沙,下同)冲淤量。所谓沙量平衡法是根据实测输沙率、级配资料,计算某河段区间逐场次洪水进入、输出河段的分组沙量(包括干流控制站、区间支流、引水引沙及风沙等),最终得到洪水期河段区间进入、输出的分组泥沙输沙量之差,即为河段分组冲淤量:河段分组冲淤量=河段上站分组来沙量+河段区间分组来沙量−河段渠系分组引沙量−河段下站分组输出沙

量,该方法又简称为沙量法。计算公式如下:

$$\Delta W_s = W_{s进} + W_{s区间} - W_{s引} - W_{s出}$$

式中:ΔW_s 为河段分组泥沙冲淤量,亿 t;$W_{s进}$ 为河段进口分组沙量即上一水文站分组沙量,亿 t;$W_{s区间}$ 为河段区间加入分组沙量,主要是指区间支流加入分组沙量(亿 t)及风沙量(亿 t);$W_{s引}$ 主要是指河段区间渠系分组引沙量,亿 t;$W_{s出}$ 为河段出口分组沙量即区间下站分组沙量,亿 t。

表 4-3 为 1969—2012 年整个宁蒙河道洪水期 144 场非漫滩洪水全沙以及分组沙冲淤量,所有场次洪水全沙是淤积的,场次洪水平均淤积量为 0.068 亿 t。其中细泥沙是淤积的主体,占全沙总淤积量的 54.4%,平均淤积量为 0.037 亿 t;其次淤积较多的为特粗泥沙,场次洪水平均淤积量为 0.013 亿 t,占总淤积量的 19.1%。而中泥沙、粗泥沙的淤积量分别为 0.011 亿 t、0.007 亿 t,分别占全沙总淤积量的 16.2%、10.3%。

表 4-3　下河沿—头道拐河段洪水期场次洪水分组泥沙冲淤量

泥沙参数		不同时段冲淤量			
		1969—1986 年	1987—1999 年	2000—2012 年	1969—2012 年
冲淤量 (亿 t)	全沙	0.012	0.162	0.030	0.068
	细泥沙	0.007	0.085	0.016	0.037
	中泥沙	−0.002	0.032	0.004	0.011
	粗泥沙	−0.003	0.021	0.004	0.007
	特粗泥沙	0.010	0.024	0.006	0.013
分组沙冲淤占 全沙冲淤 比例(%)	细泥沙	58.3	52.4	53.4	54.4
	中泥沙	16.7	19.8	13.3	16.2
	粗泥沙	25.0	13.0	13.3	10.3
	特粗泥沙	83.3	14.8	20.0	19.1

由于不同时期水沙条件不同,因此各时期的冲淤特点也有所不同。分析 1969—1986 年场次洪水全沙以及分组泥沙的冲淤量可知,该时期宁蒙河段河道洪水期是淤积的,场次洪水平均冲刷量为 0.012 亿 t;从分组泥沙的冲淤看,细泥沙和特粗泥沙是淤积的,淤积量分别为 0.007 亿 t 和 0.010 亿 t,占全沙淤积总量的 58.3% 和 83.3%;而中泥沙和粗泥沙在该时期都是冲刷的,场次洪水平均冲刷量分别为 0.002 亿 t、0.003 亿 t。

在 1987—1999 年枯水少沙时期,洪水期全沙是淤积的,并且淤积量较大,场次洪水平均淤积量为 0.162 亿 t。各分组泥沙也都处于淤积的状态,淤积量最大的是细泥沙,淤积量为 0.085 亿 t,占全沙淤积总量的 52.4%;其次淤积量较大的是中泥沙,中泥沙场次洪水平均淤积量为 0.032 亿 t,占全沙淤积总量的 19.8%;淤积量较小的粗泥沙和特粗泥沙,淤积量分别为 0.021 亿 t、0.024 亿 t,分别占全沙淤积总量的 13.0% 和 14.8%。2000—2012 年各场次洪水是处于淤积状态的,场次洪水平均淤积量为 0.030 亿 t,淤积主要集中在细泥沙,其淤积量为 0.016 亿 t,占全沙淤积总量的 53.4%,而中泥沙、粗泥沙和特粗泥沙都处于微淤的状态,淤积量不大。

由于各河段所处地理位置和水沙条件的不同,各河段长时期在全沙淤积的情况下,各分组沙冲淤有所不同。下河沿—青铜峡河段在长时期场次洪水是淤积的,其中主要是细泥沙淤积,场次洪水平均淤积量为 0.019 亿 t(见表 4-4),为总淤积量的 2 倍多,而中泥沙、粗泥沙和特粗泥沙都是冲刷的,场次洪水平均冲刷量为 0.005 亿 t、0.005 亿 t 和 0.001 亿 t。从淤积时期来看,淤积量主要集中在 1969—1986 年和 1987—1999 年两个时段,场次洪水平均淤积量为 0.024 亿 t 和 0.005 亿 t,而 2000—2012 年场次洪水是冲刷的,场次洪水平均冲刷量为 0.003 亿 t。从中泥沙、粗泥沙、特粗泥沙的冲刷分布看,1987—1999 年和 2000—2012 年两个时期都是冲刷的,而 1969—1986 年特粗泥沙处于微淤状态。青铜峡—石嘴山河段长时期和分时期洪水期全沙和分组沙都是淤积的(见表 4-5),淤积量较大的是 1987—1999 年。而从分组沙淤积比例看,各时段淤积主要集中在细泥沙、中泥沙。而石嘴山—巴彦高勒河段,各时期有冲有淤但量级都很小,因此长时期场次洪水冲淤变化不大(见表 4-6)。重点分析内蒙古河段淤积严重的巴彦高勒—头道拐河段,1969—2012 年场次洪水呈淤积状态,场次洪水平均淤积量为 0.016 亿 t(见表 4-7),除中泥沙微冲外,细泥沙、粗泥沙和特粗泥沙都是淤积状态,场次洪水淤积量分别为 0.003 亿 t、0.003 亿 t 和 0.011 亿 t。从淤积时段来看,主要集中在 1987—1999 年,全沙场次洪水平均淤积量为 0.085 亿 t,淤积主要集中在细泥沙,细泥沙淤积量为 0.036 亿 t,占总淤积量的 42.4%;中泥沙、粗泥沙和特粗泥沙淤积量分别为 0.015 亿 t、0.015 亿 t 和 0.019 亿 t,分别占全沙淤积量的 17.6%、17.6% 和 22.4%。2000—2012 年全沙和分组沙都处于微淤状态,场次洪水全沙淤积量为 0.007 亿 t,细泥沙、中泥沙、粗泥沙和特粗泥沙淤积量分别为 0.001 亿 t、0.002 亿 t、0.002 亿 t 和 0.002 亿 t。1969—1986 年巴彦高勒—头道拐河段处于冲刷状态,场次洪水平均冲刷量为 0.046 亿 t。冲刷主要集中在细泥沙、中泥沙和粗泥沙,冲刷量分别为 0.029 亿 t、0.020 亿 t 和 0.009 亿 t,只有特粗泥沙呈淤积状态,场次洪水平均淤积量为 0.012 亿 t。

表 4-4　下河沿—青铜峡河段分组沙场次洪水冲淤量

泥沙参数		不同时段冲淤量			
		1969—1986 年	1987—1999 年	2000—2012 年	1969—2012 年
冲淤量 (亿 t)	全沙	0.024	0.005	−0.003	0.008
	细泥沙	0.027	0.023	0.007	0.019
	中泥沙	−0.002	−0.007	−0.005	−0.005
	粗泥沙	−0.002	−0.010	−0.003	−0.005
	特粗泥沙	0.001	−0.001	−0.002	−0.001
分组沙冲淤占 全沙冲淤比例 (%)	细泥沙	112.5	460.0	−233.3	237.5
	中泥沙	−8.3	−140.0	166.7	−62.5
	粗泥沙	−8.3	−200.0	100.0	−62.5
	特粗泥沙	4.1	−20.0	66.6	−12.5

表 4-5 青铜峡—石嘴山河段分组沙场次洪水冲淤量

泥沙参数		不同时段冲淤量			
		1969—1986 年	1987—1999 年	2000—2012 年	1969—2012 年
冲淤量 （亿 t）	全沙	0.028	0.076	0.020	0.042
	细泥沙	0.005	0.028	0.008	0.014
	中泥沙	0.013	0.027	0.008	0.016
	粗泥沙	0.005	0.017	0.004	0.009
	特粗泥沙	0.005	0.004	0.000	0.003
分组沙冲淤 占全沙冲淤比例 （%）	细泥沙	17.9	36.8	38.2	33.1
	中泥沙	46.4	35.5	39.2	38.4
	粗泥沙	17.9	22.4	21.1	21.4
	特粗泥沙	17.9	5.3	1.5	7.1

表 4-6 石嘴山—巴彦高勒河段分组沙场次洪水冲淤量

泥沙参数		不同时段冲淤量			
		1969—1986 年	1987—1999 年	2000—2012 年	1969—2012 年
冲淤量 （亿 t）	全沙	0.005	−0.004	0.004	0.002
	细泥沙	0.004	−0.001	0.001	0.001
	中泥沙	0.007	−0.003	−0.002	0.001
	粗泥沙	0.002	−0.002	0	0
	特粗泥沙	−0.008	0.002	0.005	0
分组沙冲淤占 全沙冲淤比例 （%）	细泥沙	80.0	25.0	−25.0	50.0
	中泥沙	140.0	75.0	−50.0	50.0
	粗泥沙	40.0	50.0	0	0
	特粗泥沙	−160.0	−50.0	125.0	0

表 4-7 巴彦高勒—头道拐河段分组沙场次洪水冲淤量

泥沙参数		不同时段冲淤量			
		1969—1986 年	1987—1999 年	2000—2012 年	1969—2012 年
冲淤量 （亿 t）	全沙	−0.046	0.085	0.007	0.016
	细泥沙	−0.029	0.036	0.001	0.003
	中泥沙	−0.020	0.015	0.002	−0.001
	粗泥沙	−0.009	0.015	0.002	0.003
	特粗泥沙	0.012	0.019	0.002	0.011
分组沙冲淤占 全沙冲淤比例 （%）	细泥沙	63.0	42.4	14.2	18.8
	中泥沙	43.5	17.6	28.6	−6.3
	粗泥沙	19.6	17.6	28.6	18.8
	特粗泥沙	−26.1	22.4	28.6	68.7

(二)不同水沙组合条件下洪水期分组沙冲淤特点

1. 不同流量下各含沙量级分组泥沙冲淤特点

非漫滩洪水在相同流量条件下,随着含沙量的增大,河道淤积量明显增加。以宁蒙河段河道洪水期进口站(下河沿+清水河)流量 1 500~2 000 m³/s 为例,进口含沙量小于 7 kg/m³ 时,洪水期场次洪水全沙是冲刷的,场次洪水平均冲刷量为 0.105 亿 t(见表 4-8),冲刷主要是细泥沙、中泥沙和粗泥沙,场次洪水平均冲刷量分别为 0.067 亿 t、0.027 亿 t 和 0.016 亿 t,而特粗泥沙呈微淤状态,场次洪水特粗泥沙淤积量为 0.005 亿 t。当含沙量进一步增大到 7~10 kg/m³ 时,河道由冲转为淤,全沙淤积总量为 0.028 亿 t,细泥沙、中泥沙、粗泥沙和特粗泥沙都是淤积的,场次洪水淤积量分别为 0.004 亿 t、0.005 亿 t、0.007 亿 t 和 0.012 亿 t;当来水含沙量进一步增大到 10~20 kg/m³ 时,全沙淤积量进一步增大到 0.066 亿 t,除粗泥沙、特粗泥沙外各分组沙的淤积量也明显增大,其中细泥沙淤积比例最大,细泥沙、中泥沙、粗泥沙和特粗泥沙淤积量分别为 0.035 亿 t、0.020 亿 t、0.006 亿 t 和 0.005 亿 t;当含沙量大于 20 kg/m³ 时,全沙淤积量进一步增大到 0.711 亿 t,各分组沙淤积量相应明显增大,分别为 0.352 亿 t、0.042 亿 t、0.101 亿 t 和 0.216 亿 t。可见当含沙量大于 7 kg/m³ 时,在相同流量条件下,来水中含沙量越大,淤积量越多,分组沙淤积量也相应有所增大。

表 4-8　不同流量、含沙量条件下洪水期分组沙冲淤量

流量级 (m³/s)	含沙量级 (kg/m³)	冲淤量(亿 t)				
		全沙	细泥沙	中泥沙	粗泥沙	特粗泥沙
<1 000	S<7	0.002	−0.004	0	0.001	0.005
	S=7~10	0.056	0.034	0.011	0.007	0.004
	S=10~20	0.114	0.060	0.025	0.018	0.011
	S>20	0.375	0.231	0.076	0.048	0.020
1 000~ 1 500	S<7	−0.027	−0.024	−0.006	−0.002	0.005
	S=7~10	0.022	0.021	−0.004	−0.001	0.006
	S=10~20	0.155	0.087	0.029	0.017	0.022
	S>20	0.488	0.313	0.104	0.052	0.019
1 500~ 2 000	S<7	−0.105	−0.067	−0.027	−0.016	0.005
	S=7~10	0.028	0.004	0.005	0.007	0.012
	S=10~20	0.066	0.035	0.020	0.006	0.005
	S>20	0.711	0.352	0.042	0.101	0.216
2 000~ 2 500	S<7	−0.250	−0.135	−0.070	−0.054	0.009
	S=7~10					
	S=10~20	0.330	0.099	0.132	0.078	0.021
	S>20					
>2 500	S<7	−0.295	−0.172	−0.071	−0.041	−0.011
	S=7~10					
	S=10~20					
	S>20	0.439	0.234	0.133	0.054	0.018

表4-9为内蒙古巴彦高勒—头道拐河段洪水期不同流量、不同含沙量条件下分组沙冲淤量,随着含沙量增大,河道淤积效率增大,甚至河道由冲刷转成淤积状态。分组沙冲淤也具有这个特点。

表4-9　巴彦高勒—头道拐河段不同流量、含沙量条件下洪水期分组沙冲淤量

流量级 （m³/s）	含沙量级 （kg/m³）	冲淤量（亿t）				
		全沙	细泥沙	中泥沙	粗泥沙	特粗泥沙
<1 000	$S<7$	−0.003	−0.004	0	0	0.001
	$S=7\sim10$	0.045	0.020	0.011	0.010	0.004
	$S=10\sim20$	0.104	0.057	0.017	0.013	0.017
	$S>20$	0.249	0.127	0.049	0.050	0.023
1 000~ 1 500	$S<7$	−0.040	−0.029	−0.008	−0.005	0.002
	$S=7\sim10$	0.030	0.018	0.005	0.007	0
	$S=10\sim20$	0.115	0.037	−0.045	0.014	0.109
	$S>20$	1.160	0.254	0.129	0.185	0.592
1 500~ 2 000	$S<7$	−0.127	−0.080	−0.032	−0.013	−0.002
	$S=7\sim10$	0.073	0.039	−0.005	0.011	0.028
	$S=10\sim20$					
	$S>20$					
2 000~ 2 500	$S<7$	−0.166	−0.086	−0.042	−0.035	−0.003
	$S=7\sim10$	−0.019	−0.024	−0.008	0.007	0.006
	$S=10\sim20$	0.035	0.033	−0.005	−0.001	0.008
	$S>20$					

2. 不同含沙量下各流量级分组沙冲淤特点

由表4-10可以看到,当含沙量小于7 kg/m³时,宁蒙河段河道基本上处于冲刷状态,并且随着洪水期平均流量的增大。河道冲刷量明显增多,分组沙的冲刷量也随着流量的增大相应地增大。例如当流量小于1 000 m³/s时,场次洪水全沙处于淤积状态,其中只有细泥沙冲刷0.004亿t;当流量大于1 000 m³/s时,全沙都处于冲刷的状态,其中流量为1 000~1 500 m³/s时,全沙的冲刷量增大到0.034亿t,细泥沙的冲刷量增大到0.028亿t,中泥沙、粗泥沙冲刷量也相应有所增大,冲刷量分别为0.008亿t和0.003亿t;流量为1 500~2 000 m³/s时,全沙的冲刷量增大到0.105亿t;流量增至2 000~2 500 m³/s时,全沙冲刷量增大到0.250亿t,细泥沙冲刷量为0.135亿t,中泥沙和粗泥沙分别冲刷0.070亿t和0.054亿t;流量大于2 500 m³/s的全沙冲刷量增大到0.295亿t,细泥沙、中泥沙、粗泥沙的冲刷量增大到0.172亿t、0.071亿t和0.041亿t,只有在这个流量级条件下,特粗泥沙也是冲刷的,场次洪水冲刷量为0.011亿t。当来水中含沙量大于7 kg/m³时,河

道全沙和分组沙大多处于淤积状态。

表 4-10　宁蒙河道不同含沙量条件下各流量级分组沙冲淤量

下河沿含沙量 （kg/m³）	流量级 （m³/s）	宁蒙河段冲淤量（亿 t）				
		全沙	细泥沙	中泥沙	粗泥沙	特粗泥沙
S<7	<1 000	0.002	−0.004	0	0.001	0.005
	1 000~1 500	−0.034	−0.028	−0.008	−0.003	0.005
	1 500~2 000	−0.105	−0.067	−0.027	−0.015	0.005
	2 000~2 500	−0.250	−0.135	−0.070	−0.054	0.009
	>2 500	−0.295	−0.172	−0.071	−0.041	−0.011
S=7~10	<1 000	0.056	0.034	0.011	0.007	0.004
	1 000~1 500	0.043	0.027	0.005	0.002	0.009
	1 500~2 000	0.028	0.004	0.005	0.007	0.012
	2 000~2 500					
	>2 500					
S=10~20	<1 000	0.114	0.060	0.025	0.018	0.011
	1 000~1 500	0.155	0.087	0.029	0.017	0.022
	1 500~2 000	0.066	0.035	0.020	0.006	0.005
	2 000~2 500	0.330	0.099	0.132	0.078	0.021
	>2 500					
S>20	<1 000	0.375	0.231	0.076	0.048	0.020
	1 000~1 500	0.488	0.313	0.104	0.052	0.019
	1 500~2 000	0.711	0.352	0.042	0.101	0.216
	2 000~2 500					
	>2 500	0.439	0.234	0.133	0.054	0.018

表 4-11 为巴彦高勒—头道拐河段不同含沙量条件下各流量级的分组沙冲淤量,当进口含沙量小于 7 kg/m³,流量大于 1 500 m³/s 时,巴彦高勒—头道拐河段各分组沙都呈冲刷状态,并且随着流量的增大,冲刷量明显增大。如当进口流量为 1 500~2 000 m³/s 时,全沙冲刷 0.127 亿 t,细泥沙、中泥沙、粗泥沙和特粗泥沙分别冲刷 0.080 亿 t、0.032 亿 t、0.013 亿 t 和 0.002 亿 t;当进口流量进一步增大到 2 000~2 500 m³/s 时,全沙冲刷量增大到 0.166 亿 t,各分组沙冲刷量分别增大到 0.086 亿 t、0.042 亿 t、0.035 亿 t 和 0.003 亿 t。因此,巴彦高勒—头道拐河段河道在低含沙量时,流量增大到一定量值,特粗泥沙仍能够得到冲刷。

表 4-11　巴彦高勒—头道拐河段不同含沙量条件下各流量级分组沙冲淤量

下河沿含沙量 （kg/m³）	流量级 （m³/s）	河段冲淤量（亿 t）				
		全沙	细泥沙	中泥沙	粗泥沙	特粗泥沙
S<7	<1 000	-0.003	-0.004	0	0	0.001
	1 000~1 500	-0.040	-0.029	-0.008	-0.005	0.002
	1 500~2 000	-0.127	-0.080	-0.032	-0.013	-0.002
	2 000~2 500	-0.166	-0.086	-0.042	-0.035	-0.003
	>2 500					
S=7~10	<1 000	0.045	0.020	0.011	0.010	0.004
	1 000~1 500	0.030	0.018	0.005	0.007	0
	1 500~2 000	0.027	0.008	-0.007	0.009	0.017
	2 000~2 500					
	>2 500					
S=10~20	<1 000	0.104	0.057	0.017	0.013	0.017
	1 000~1 500	0.115	0.037	-0.045	0.014	0.109
	1 500~2 000					
	2 000~2 500	0.035	0.033	-0.005	-0.001	0.008
	>2 500					
S>20	<1 000	0.249	0.127	0.049	0.050	0.023
	1 000~1 500	1.160	0.254	0.129	0.185	0.592
	1 500~2 000					
	2 000~2 500					
	>2 500					

（三）洪水期不同粒径组泥沙输移特性对水沙条件的响应

1. 洪水期分组泥沙冲淤效率与含沙量的关系

宁蒙河段河道洪水期冲淤效率（单位水量冲淤量，kg/m³）与来水含沙量关系密切，具有"多来、多淤、多排"的输沙特点。考虑支流和引水引沙条件，点绘下河沿—头道拐河段全沙、分组沙洪水期河道冲淤效率与进口水文站（下河沿+支流）平均含沙量的关系可见（见图 4-4），洪水期全沙以及分组沙冲淤效率与平均含沙量具有正相关关系，全沙及分组沙冲淤效率随着进口站含沙量的增大而增大。河道在淤积状态下，当来沙量相同时，淤积量中细泥沙所占的比例最大，其次是中泥沙、粗泥沙和特粗泥沙。河道全沙及分组沙冲淤效率与进口水文站含沙量的关系式为

全沙：

$$\eta_{全沙} = 0.719\ 13S_{全沙} - 3.480\ 8$$

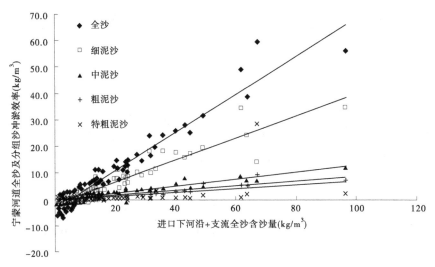

图 4-4　宁蒙河道全沙及分组沙洪水冲淤效率与平均含沙量关系

细泥沙：

$$\eta_{\text{细泥沙}} = 0.418\ 1 S_{\text{全沙}} - 2.133\ 5$$

中泥沙：

$$\eta_{\text{中泥沙}} = 0.137\ 6 S_{\text{全沙}} - 0.677\ 7$$

粗泥沙：

$$\eta_{\text{粗泥沙}} = 0.090\ 7 S_{\text{全沙}} - 0.475\ 8$$

特粗泥沙：

$$\eta_{\text{特粗泥沙}} = 0.072\ 7 S_{\text{全沙}} - 0.193\ 8$$

式中：η 为下河沿—头道拐河段分组沙冲淤效率，kg/m^3；$S_{\text{全沙}}$ 为进口水文站全沙含沙量，kg/m^3。全沙、细泥沙、中泥沙、粗泥沙、特粗泥沙冲淤效率与进口水文站平均含沙量关系的相关系数分别为 0.941、0.898、0.882、0.835、0.192，可见特粗泥沙的冲淤效率与进口水文站含沙量大小关系不大。另外，由上式可以看出，在清水条件下，以细泥沙的冲刷强度最大，其他随粒径的增大而递次下降。

2. 洪水期分组沙冲淤效率与水流条件的关系

河道冲淤不仅与河道进口水文站流量有关，而且与来沙条件关系密切。点绘不同来沙条件下（含沙量 $S<7\ kg/m^3$，$S=7\sim20\ kg/m^3$ 和 $S>20\ kg/m^3$）分组沙冲淤效率与进口水文站平均流量的关系（见图 4-5~图 4-7），可以看到当含沙量小于 7 kg/m^3 时，当水流条件达到一定的量级，即场次洪水过程中进口水文站平均流量大于 2 000 m^3/s 时，细泥沙、中泥沙、粗泥沙可以达到冲刷状态。对于特粗颗粒泥沙，当含沙量小于 7 kg/m^3（见图 4-5），流量大于 2 500 m^3/s 时，特粗泥沙也能够冲刷。当含沙量大于 7 kg/m^3 时（见图 4-6、图 4-7），全沙淤积效率明显增大，并且细泥沙、中泥沙、粗泥沙基本上都处于淤积的状态，并且在相同流量条件下，细泥沙的淤积效率较大。如进口水文站含沙量为 7~20 kg/m^3、平均流量为 1 000 m^3/s 时，细泥沙的最大淤积效率可以达到 8.4 kg/m^3，中泥沙、粗泥沙、特粗泥沙的淤积效率分别为 3.1 kg/m^3、1.36 kg/m^3 和 1.29 kg/m^3。

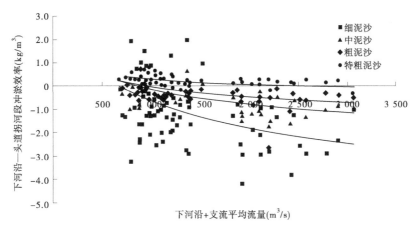

图 4-5　分组沙冲淤效率与进口水文站平均流量关系 (含沙量 $S < 7$ kg/m³)

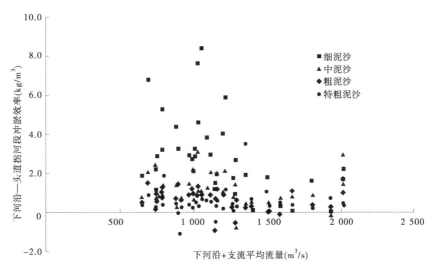

图 4-6　分组沙冲淤效率与进口水文站平均流量关系 (含沙量 $S = 7 \sim 20$ kg/m³)

三、孔兑来沙对干流河段冲淤的影响

内蒙古河段十大孔兑洪水期集中来沙淤堵黄河干流河道对防洪形成严重威胁,同时造成三湖河口—头道拐河段淤积增加。关于孔兑淤堵干流的研究较多,此处不再涉及,主要探讨孔兑来沙后三湖河口—头道拐河段淤积物的冲淤过程和冲刷条件,以此说明孔兑影响与干流来水的关系。

(一)孔兑淤堵干流后的冲淤发展

选取孔兑年来沙量超过 1 000 万 t 的年份作为分析对象,计算三湖河口—头道拐河段的累计冲淤量,见表 4-12。

龙刘水库联合运用以前,干流水流条件较好,平均流量和最大日均流量都较大,因而在干流来沙量较大的情况下,孔兑来沙汇入干流后仍能得到冲刷,如 1966 年(平均流量 2 229 m³/s)、1985 年(平均流量 1 908 m³/s)干流来沙量都较大,但仍然在较短时间内完

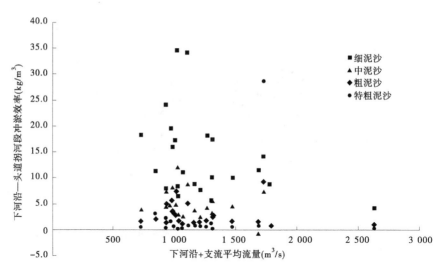

图4-7　分组沙冲淤效率与进口水文站平均流量关系（含沙量 $S>20\ kg/m^3$）

成干流冲刷（见图4-8），1985年冲刷了36 d，而1973年虽然水流条件较弱，平均流量仅为875 m^3/s，但孔兑来沙量较小，仅为1 083万t，同时干流来沙量也较小，因而在2个月内完成冲刷。

表4-12　孔兑沙量大于1 000万t年份特征值

年份	天数 (d)	孔兑 沙量 （万t）	干流 沙量 （万t）	平均 流量 （m^3/s）	水量 （亿 m^3）	起始 冲淤量 （万t）	汛末 冲淤量 （万t）	增量 （万t）	平均 含沙量 （kg/m^3）	来沙 系数 （$kg \cdot s/m^6$）	孔兑沙 量占比 （%）
1966	71	1 662	11 577	2 229	137	1 488	−8	−1 496	9.7	0.004 3	13
1973	69	1 083	3 737	875	52	949	−19	−968	9.3	0.010 6	22
1985	36	1 040	4 225	1 908	59	822	−15	−837	8.9	0.004 7	20
1988	109	1 217	2 403	589	56	393	1 449	1 056	6.5	0.011 0	34
1989	101	12 344	7 934	1 572	137	11 884	11 478	−406	14.8	0.009 4	61
1994	87	1 572	3 917	846	64	1 094	2 532	1 438	8.6	0.010 1	29
1996	108	1 447	3 476	536	50	372	1 850	1 478	9.8	0.018 4	29
1997	92	1 419	1 978	439	35	271	2 153	1 882	9.7	0.022 1	42
1998	117	1 857	1 222	396	52	452	2 176	1 724	7.7	0.019 4	60
2003	93	2 235	2 549	662	53	1 302	3 013	1 711	9.0	0.013 64	47
1981	漫滩										

　　1986年以后，随着龙刘水库的联合运用，干流的水流条件发生了变化，除1989年以外，其他年份平均流量都较低，干流来沙量虽然都不多，但孔兑沙量汇入干流以后很难再冲刷，随着后期干流来沙，淤积进一步加重（见图4-9）。1989年虽然到汛末仍未能完成冲

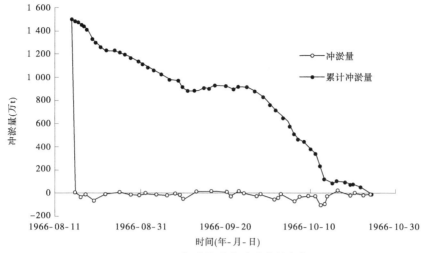

图 4-8　1966 年孔兑洪水过后冲淤变化

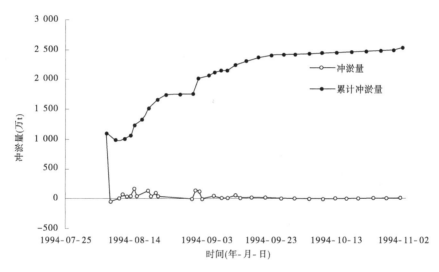

图 4-9　1994 年孔兑洪水过后冲淤变化

刷,但由于水流条件较好,整体来说还是冲刷的,未能完成冲刷的主要原因是前期淤积量太大。

　　以 1985 年为例,进一步分析孔兑来沙和后期冲刷过程中泥沙组成的变化(见图 4-10)。巴彦高勒位于孔兑的上游,因此孔兑加沙和后期冲刷过程中巴彦高勒的特粗泥沙均没有什么变化,而在 8 月孔兑来沙时,头道拐水文站特粗泥沙含沙量有少量增加,说明部分特粗泥沙随干流来水输送出头道拐,其后在 9 月出现 3 000 m³/s 以上大水流过程时,头道拐特粗泥沙含沙量在上游无来沙情况下明显增加,最高将近 6 kg/m³,说明前期淤积的特粗泥沙在大水作用下是可以发生冲刷输送至头道拐的;但是也应看到,头道拐较大特粗泥沙含沙量持续时间很短,几天后就迅速衰减,说明该河段冲刷能力下降,即使大流量持续时间很长,特粗泥沙也难以冲刷了。

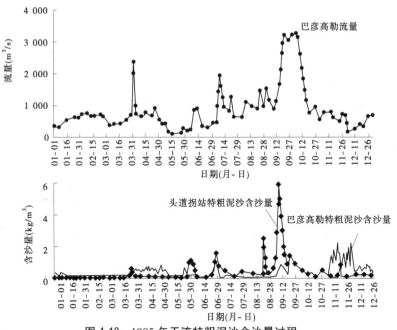

图 4-10　1985 年干流特粗泥沙含沙量过程

(二)孔兑来沙后干流淤积物冲刷条件

干流淤积发展主要取决于来水条件和前期淤积量,因此分别建立河段冲淤增量与平均流量、最大流量的关系(见图 4-11、图 4-12)。分析表明,干流淤积物能冲刷完的干流平均流量需要在 1 500 m^3/s 以上、最大流量需要在 2 000 m^3/s 以上。

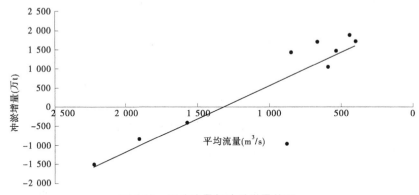

图 4-11　平均流量与冲淤增量关系

(三)孔兑来沙对三湖河口—头道拐河段的冲淤贡献率

由于西柳沟(1960 年起有资料)、毛布拉(1982 年起有资料)、罕台川(1980 年起有资料)三条孔兑有完整资料始于 1982 年,而 1986 年龙刘水库联合运用以后,河道不断淤积,各年河道边界条件比较类似,因此采用 1987 年以来的资料分析孔兑来沙 $W_{s孔兑}$、三湖河口水量 $W_三$、三湖河口站沙量 $W_{s三}$ 对三湖河口—头道拐河段的冲淤量 $\Delta W_{s三湖河口—头道拐}$ ($\Delta W_{s三湖河口—头道拐} = W_{s三} + W_{s西柳沟} + W_{s毛布拉} + W_{s罕台川} - W_{s头道拐}$)贡献率。

由表 4-13 可见,孔兑来沙对三湖河口—头道拐河段冲淤的贡献率最大,是河段淤积

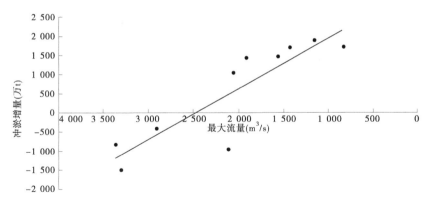

图 4-12 最大流量与冲淤增量关系

的主要影响因素,其次为三湖河口即上游来沙量。同时 7—8 月孔兑来沙对该时段的冲淤量贡献率最大,汛期次之,全年最小,说明随着时间推移,孔兑的影响逐渐减小。

表 4-13 1987—2012 年三湖河口—头道拐河段冲淤量贡献率 (%)

三湖河口—头道拐河段冲淤量	7—8 月	汛期	全年
孔兑来沙	55.2	53.2	44.8
三湖河口水量	11.1	12.2	22.7
三湖河口沙量	33.7	34.6	32.5

四、对开发方案功能定位中减淤作用论证的建议

(一)近期宁蒙河段河道淤积加重原因分析

近期宁蒙河段河道淤积加重,尤其是 1987—1999 年平均淤积量达到 0.908 亿 t,淤积比高达 47%(见表 4-14),河槽发生萎缩。而且淤积最严重的河段为三湖河口—头道拐河段,占总淤积量的比例最高。同时由表 4-15 和表 4-16 可见,1987—1999 年宁蒙河段和巴彦高勒—头道拐河段都是细泥沙淤积量最大,占总淤积量的比例最高。

表 4-14 宁蒙河段河道各时期冲淤量

时段	1952—1960 年	1961—1968 年	1969—1986 年	1987—1999 年	2000—2012 年	1952—2012 年
淤积总量 (亿 t)	10.353	-3.149	1.732	11.805	2.946	23.687
占总量比例 (%)	44	-13	7	50	12	100
年均淤积量 (亿 t)	1.150	-0.394	0.096	0.908	0.227	0.388
年均来沙量 (亿 t)	2.922	1.696		1.916	0.927	1.920
淤积比 (%)	39	-3		47	24	20

表 4-15　宁蒙河段河道各时期冲淤量分布

冲淤参数	时段	下河沿—青铜峡	青铜峡—石嘴山	石嘴山—巴彦高勒	巴彦高勒—三湖河口	三湖河口—头道拐	下河沿—头道拐
冲淤量（亿 t）	1952—1960 年	0.089	0.427	-0.004	0.192	0.447	1.151
	1961—1968 年	-0.073	-0.357	0.109	-0.213	0.141	-0.393
	1969—1986 年	0.098	-0.063	0.087	-0.027	0.001	0.096
	1987—1999 年	0.043	0.142	0.085	0.265	0.374	0.909
	2000—2012 年	0.048	-0.022	0.025	0.031	0.145	0.227
	1952—2012 年	0.052	0.023	0.063	0.055	0.195	0.388
占河段比例（%）	1952—1960 年	7.7	37.1	-0.3	16.7	38.8	100
	1961—1968 年	18.5	90.6	-27.6	54.2	-35.7	100
	1969—1986 年	101.7	-65.4	90.8	-28.3	1.2	100
	1987—1999 年	4.7	15.6	9.4	29.1	41.2	100
	2000—2012 年	21.0	-9.7	11.0	13.6	64.1	100
	1952—2012 年	13.4	6.0	16.1	14.2	50.3	100

表 4-16　巴彦高勒—头道拐河道各时期洪水期冲淤量占比

洪水参数	时段	河段冲淤量（亿 t）				
		全沙	细泥沙	中泥沙	粗泥沙	特粗泥沙
场次洪水平均值	1969—1986 年	-0.046	-0.028	-0.019	-0.008	0.009
	1987—1999 年	0.085	0.036	0.015	0.015	0.019
	2000—2012 年	0.007	0.001	0.002	0.002	0.002
	1969—2012 年	0.015	0.003	-0.001	0.003	0.010
冲淤量分组泥沙占比（%）	1969—1986 年	100.0	60.9	41.0	18.0	-19.9
	1987—1999 年	100.0	42.4	17.6	17.6	22.4
	2000—2012 年	100.0	11.2	28.6	28.6	28.6
	1969—2012 年	100.0	20.0	-6.7	20.0	66.7

　　分析原因,主要在于流量过程的改变,即大流量减少、小流量增多,输沙能力降低,造成细泥沙发生大量淤积。而龙刘水库联合调控汛期拦蓄洪水,将 2 000 m³/s 以上天然大流量年均 46 d 降低到年均只有 4 d,大大削弱了输沙能力(见图 4-13)。非汛期兴利需要增大平水期流量、增长平水期历时,500~1 000 m³/s 流量历时达到 229 d,占全年的 63%(见图 4-13),该流量级的输沙能力非常低。同时从已有的研究成果来看(见图 4-14),该流量是"上冲下淤"最严重的水流条件,由表 4-17 可见三湖河口冲刷效率的一半以上在三

湖河口以下。因此,龙刘水库运用的"双重不利"影响是近期河道尤其是三湖河口以下河段河道加重的主要原因。

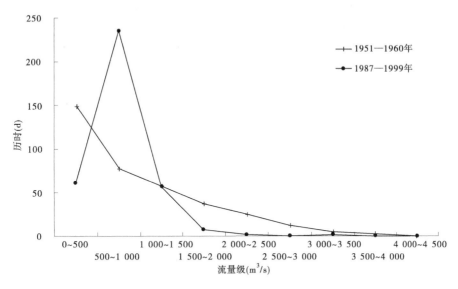

图 4-13 下河沿站不同时期各流量级历时

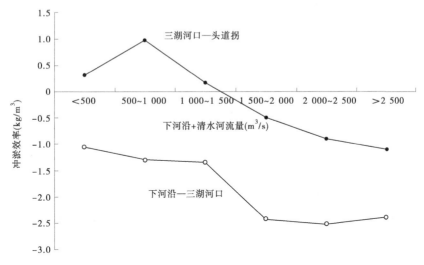

图 4-14 低含沙条件下不同河段冲淤效率与流量关系

表 4-17 宁蒙河道"上冲下淤"冲淤效率 （单位:kg/m³）

河段	<500 m³/s	500~1 000 m³/s
下河沿—三湖河口	−1.1	−1.3
三湖河口—头道拐	0.5	1.0
下淤占上冲比例(%)	45	77

(二)黑山峡水利枢纽改善宁蒙河段河道淤积状况的开发任务

1. 反调节水流过程,减少河道淤积

以下河沿为进口,计算宁蒙河段河道 1952—2012 年总来沙量年均 1.921 亿 t,其中细泥沙占到 53.9%,也就是说如果仍旧维持现状龙刘水库的运用方式,总来沙量将近一半以上的泥沙将难以输送,必须修建反调节水库调整龙刘水库造成的全年平水过程,恢复洪水,利用大流量的输沙能力将来沙中的细泥沙和更多的其他组分泥沙输送出河道,减少淤积。同时在可能的条件下,减少平水期流量和历时,减轻上冲下淤程度。

2. 拦截特粗泥沙,增大减淤效果

由表 4-18 还可见,特粗泥沙中有 22% 是来自于下河沿以上,可利用水库的死库容拦截这部分泥沙,对宁蒙河道也可起到较好的减淤效果。

表 4-18　宁蒙河道泥沙组成及来源

泥沙分组	沙量(亿 t)					占各分组沙量比例(%)				总来沙量泥沙构成(%)
	总来沙	下河沿	支流	风沙	孔兑	下河沿	支流	风沙	孔兑	
全沙	1.921	1.206	0.368	0.156	0.191	63	19	8	10	100.0
细泥沙	1.035	0.747	0.221	0	0.067	71	21	0	6	53.9
中泥沙	0.378	0.265	0.088	0	0.025	70	23	0	7	19.7
粗泥沙	0.237	0.133	0.052	0.023	0.029	56	22	10	12	12.3
特粗泥沙	0.270	0.060	0.007	0.133	0.070	22	3	49	26	14.1

3. 合理调节水库拦粗排细,实现高效减淤

粗泥沙和特粗泥沙冲淤量随流量的变化不大,虽然流量小时发生淤积但淤积量小,相应地,流量大时发生冲刷但冲刷量也小,因此依靠现状自然条件下的水流输送粗泥沙是低效的。细泥沙和中泥沙冲淤随水流强度变化非常大,输沙效率提高很快,大流量时细泥沙的输沙能力很高,这就是常说的"多来多排",实际指的是细泥沙多来多排,而粗泥沙是很难多排的。宁蒙河段河道细泥沙的 70%、中泥沙的 72% 来自于下河沿以上,修建黑山峡水利枢纽恰好可利用这一条件,调节出更有利于输送细泥沙的水沙组合条件,提高河道输沙能力、实现高效输沙。

4. 需要开展拦粗排细综合治理

特粗泥沙输沙效率低、冲刷困难,而特粗泥沙的 49% 来自风沙,为面状来源;26% 来自于孔兑洪水,突发性极强,难以预料。因此,对于特粗泥沙和粗泥沙,一旦进入河道,输送是困难的,将造成河道淤积。因此,依靠水库调节水流处理粗泥沙不是唯一的办法,还应开展风沙治理,实施水土流失治理,结合水库拦沙,千方百计拦截粗泥沙,使其少进入或不进入河道。

因此,对于宁蒙河段这类含沙量相对较低、床沙组成较粗的河道,必须紧密结合精细的水库调度,使河道多排细泥沙,千方百计拦截粗泥沙少入河道,才能实现高效输沙与显著的减淤效果,长期维持河道的冲淤相对平衡。

第二部分　专题研究报告

第一专题 2014 年黄河河情变化特点

依据报汛资料,分析了 2014 年黄河流域降雨、洪水、泥沙、水库运用及河道冲淤特点。分析表明:

(1)2014 年黄河流域汛期降雨量增加,较多年平均偏多 21%,偏多区间主要在兰托区间、龙三区间;

(2)干支流水沙仍偏少,全年没有出现编号洪水,输沙量达到历史最少,潼关水文站仅为 0.742 亿 t;

(3)潼关高程在 2014 年汛后为 327.48 m;

(4)小浪底水库全年淤积 0.4 亿 m³,98% 以上在干流库区;

(5)自 1999 年小浪底水库蓄水运用以来,共淤积 30.7 亿 m³,其中干流库区占 80%;

(6)黄河下游平滩流量继续增大,花园口水文站已达 6 500 m³/s,平滩流量最小河段为彭楼—陶城铺,约为 4 200 m³/s;

(7)宁蒙河段仍发生淤积,淤积量主要分布在石嘴山—巴彦高勒河段。

第一章　黄河流域降雨及水沙特点

　　根据报汛资料,系统分析了 2014 年黄河水文情势,包括降雨时空分布及与多年平均的偏离度,典型降雨过程特点,流域径流泥沙特点、水沙关系,大型水库的调蓄特征及其对水沙过程的影响,三门峡水库库区冲淤分布及潼关高程变化情况,黄河下游河道冲淤特点,近两年宁蒙河段河道冲淤特点,并在此分析基础上,提出了建议。

一、流域降雨时空分布

(一)龙门—小浪底干流区间降雨偏多

　　流域汛期降雨时空分布极不均匀。根据黄河水情报汛资料统计,7—10 月汛期黄河流域降雨量 344 mm,较 1956—2000 年同期均值偏多 21%。降雨量空间分布不均,兰州以上基本持平,泾渭河、黄河下游、大汶河偏少,其他区间均不同程度偏多,特别是兰托区间、汾河、龙三干流、三小区间偏多 20% 以上(见图 1-1、图 1-2)。

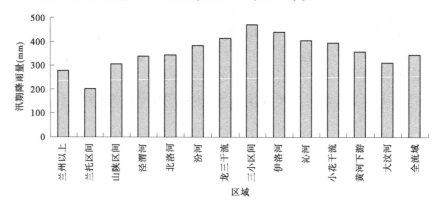

图 1-1　汛期黄河流域各区间降雨量

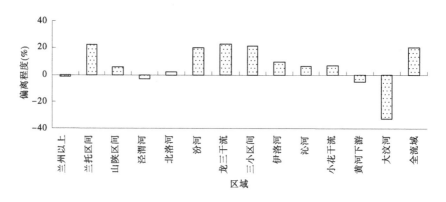

图 1-2　汛期黄河流域降雨量偏离程度

汛期降雨量最大值发生在黄河下游的支流伊洛河张坪雨量站,降雨量为871.8 mm(见表1-1)。

(二)前汛期偏少、后汛期偏多

6月降雨量58 mm,较多年同期偏多9%,其中兰州以上、兰托区间和山陕区间分别偏多23%、74%和17%,其他区域有不同程度的减少。

前汛期降雨量173 mm,较多年同期偏少10%(见图1-3、图1-4),其中7月降雨量75.7 mm,较多年同期偏少23%(见图1-4),中下游部分地区旱情严重,泾渭河、北洛河、汾河、龙三干流、三小区间、伊洛河、沁河、小花干流偏少31%~68%。

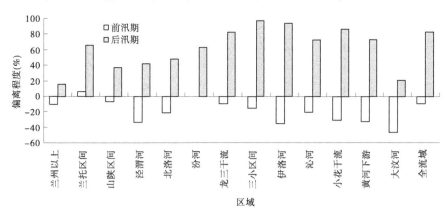

图1-3 汛期不同时段黄河流域各区间降雨量偏离程度

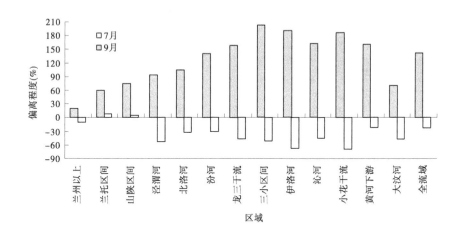

图1-4 7月和9月黄河流域各区间降雨量偏离程度

表 1-1 2014 年黄河流域区间降雨量

区域	6月		最大降雨		7月	8月	9月	10月	汛期		最大降雨	
	降雨量 (mm)	距平 (%)	降雨量 (mm)	降雨地点					降雨量 (mm)	距平 (%)	降雨量 (mm)	降雨地点
兰州以上	86.5	23	185.8	桥头(五)	82.4	78.0	82.2	36.1	278.7	-1	477.5	门堂
兰托区间	47.1	74	89.5	店上村	61.1	67.8	50.4	24.0	203.3	22	290.6	图格日格
山陕区间	60.3	17	138.8	枣园	105.7	82.9	102.1	15.4	306.1	6	534.0	黑家堡
泾渭河	67.6	5	143.0	燕子	51.8	89.1	173.0	24.7	338.6	-3	620.6	洑岭口
北洛河	52.7	-10	131.0	荔原堡	76.3	96.4	159.1	12.3	344.1	2	429.2	大白镇
汾河	59.8	-1	100.6	义棠	77.8	140.9	156.7	8.3	383.7	20	547.4	新绛
龙三干流	48.6	-21	103.8	临晋	58.4	137.4	200.2	16.5	412.5	23	695.2	龙门
三小区间	54.8	-13	104.4	野猪岭	73.0	146.0	236.5	15.1	470.6	22	675.5	下川
伊洛河	40.2	-45	152.4	沙河街	46.7	124.7	244.8	24.8	441.0	10	871.8	张坪
沁河	53.6	-23	121.6	南岭底	81.2	133.6	182.1	7.0	403.9	7	555.6	西冶
小花干流	35.2	-42	75.4	高山	44.5	126.9	209.8	11.4	392.6	7	611.2	杨柏
黄河下游	41.9	-36	116.6	艾山	120.5	66.6	163.2	6.9	357.2	-5	423.6	夹河滩
大汶河	67.8	-21	135.0	黄前	112.8	79.8	108.5	9.7	310.8	-33	518.0	临汶
全流域	58	9	185.8	桥头(五)	75.7	97.3	151.5	19.2	343.7	21	871.8	张坪

注：均值为 1956，2000 年。

后汛期降雨量明显偏多,为 171 mm,较多年同期偏多 83%。其中 9 月降雨量 151.5 mm,较多年同期偏多 141%,汾河、龙门以下干流及伊洛河、沁河偏多程度超过 100%,特别是三小区间降雨量达到 236.5 mm,偏多程度达 203%(见图 1-4)。

(三)降雨发生过程

2014 年黄河流域汛期发生了 6 次明显降雨过程,其中 4 次发生在 9 月。

1.7 月 8—9 日降雨过程

7 月 8—9 日黄河流域上中游有一次明显的降雨过程,降雨区主要分布在黄河中游山陕区间及泾渭洛河、汾河。

7 月 8 日黄河上游大部地区降小到中雨,个别雨量站降大到暴雨;山陕区间、泾渭洛河部分地区降中到大雨,局部暴雨到大暴雨,山陕区间大村雨量站日雨量 119 mm;汾河大部地区降中到大雨。9 日黄河上游部分地区降小雨;山陕区间、泾渭洛河大部地区降小到中雨,局部降大雨到暴雨;汾河大部地区降中到大雨,部分雨量站降暴雨;三花区间大部地区降小到中雨,部分雨量站降大雨。

2.8 月 5—7 日降雨过程

8 月 5—7 日黄河流域有一次明显的降雨过程,降雨区主要分布在兰州以上、黄河中游及下游大汶河。

8 月 5 日兰州以上大部地区降小到中雨,个别站大到暴雨;山陕南部、汾河、龙三干流大部地区降中到大雨,局部暴雨到大暴雨,龙门水文站日雨量 183 mm;泾渭洛河、三花区间大部地区降小到中雨,局部大到暴雨;黄河下游大汶河部分地区降中到大雨,局部暴雨到大暴雨,临汾日雨量 107 mm。6 日山陕南部、北洛河、汾河大部地区降中到大雨,个别雨量站暴雨;泾渭河大部地区降小到中雨;三花区间大部地区降小到中雨,局部地区大雨;大汶河大部地区降小到中雨,部分雨量站降大到暴雨。

3.9 月 7—9 日降雨过程

9 月 7—9 日为一区域性降雨过程,雨带呈东—西向,主要分布在黄河上游唐乃亥以上地区、渭河中下游和伊洛河中上游等黄河流域南部地区。

9 月 7 日唐乃亥以上普降小到中雨,个别雨量站大雨;渭河中游、伊洛河上游普降中雨。8 日唐乃亥以上大部地区降小雨;泾渭河中下游、龙三干游、伊洛河中上游普降大雨,局部暴雨。9 日渭河中下游普降中雨。

4.9 月 10—11 日降雨过程

9 月 10—11 日为一次流域性降雨过程,较大降雨区分布在黄河中游山陕区间南部、汾河中下游、泾渭洛河和三花区间。

9 月 10 日山陕南部、泾渭洛汾河、龙三干流、三花干流、伊洛河大部地区降中到大雨;沁河大部地区降小到中雨,个别雨量站大雨。11 日黄河中游部分地区降中到大雨,局部暴雨,汾河新绛站日雨量 86.2 mm。

5.9 月 13—16 日降雨过程

9 月 13—16 日为一次流域性降雨过程,雨带基本呈东—西向,主要分布在黄河上游兰州以上地区、山陕区间南部、汾河、泾渭洛河、三花区间以及黄河下游,自西向东降雨量逐步递增。

13日兰州以上大部地区降小到中雨;泾渭洛河、龙三干流大部地区降小到中雨,局部大雨;三花区间大部地区降小到中雨,伊洛河局部降中到大雨。14日上游兰州以上、中游潼关以上大部地区降小到中雨,局部大雨;三花区间、黄河下游干流大部地区降中到大雨,局部暴雨。15日兰州以上、大汶河大部、山陕区间部分地区降小到中雨;龙门—潼关区间、黄河下游大部地区降小到中雨,局部大雨;三花区间大部地区降中到大雨,局部暴雨。16日兰州以上大部地区降小到中雨;山陕区间、泾渭洛河、汾河、黄河下游大部地区降中到大雨;龙三干流大部地区降小到中雨,个别雨量站大雨;三花区间部分降中到大雨。

6.9月20—23日降雨过程

9月20—23日为一区域性降雨过程,雨带呈东北—西南向,潼关以上的黄河上中游地区为主要降雨区。

9月20日兰州以上部分地区降小到中雨;黄河中游局部降小雨。21日兰州以上大部、泾渭洛河部分地区降小到中雨;兰托、山陕、三小区间局部地区降小雨。22日兰州以上大部、山陕区间、泾渭洛河部分地区降小到中雨,局部大雨;兰托区间部分地区降小到中雨;汾河大部降小雨。23日山陕区间、泾渭洛汾河大部降小到中雨;龙三干流部分地区和其余各分区个别雨量站降小雨。

二、流域水沙特点

(一)流域水沙量持续偏少

2014年主要干流控制水文站唐乃亥、头道拐、龙门、潼关、花园口和利津年水量(运用年,下同)分别为192.92亿m³、175.42亿m³、195.88亿m³、233.18亿m³、224.42亿m³和110.95亿m³(见表1-2),与多年同期相比,不同程度偏少(见图1-5),其中头道拐、潼关和花园口分别偏少21%、35%、43%(见图1-6)。

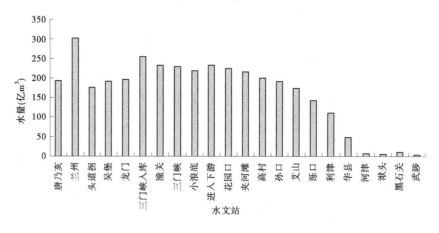

图1-5　2014年主要干支流水文站实测水量

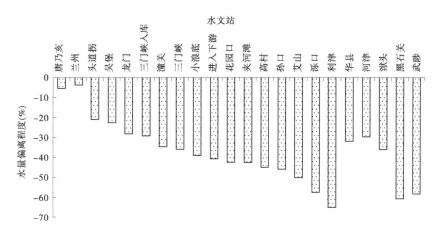

图 1-6 2014 年主要干支流水文站年实测水量偏离程度

表 1-2 2014 年黄河流域主要控制站水沙量

水文站	全年		汛期		汛期占年(%)	
	水量 (亿 m³)	沙量 (亿 t)	水量 (亿 m³)	沙量 (亿 t)	水量	沙量
唐乃亥	192.92	0.067	118.47	0.053	61	79
兰州	301.49	0.110	135.42	0.082	45	74
头道拐	175.42	0.405	84.23	0.312	48	77
吴堡	190.59	0.199	90.00	0.180	47	90
龙门	195.88	0.379	87.86	0.311	45	82
三门峡入库	255.78	0.71	116.58	0.61	46	86
潼关	233.18	0.742	113.37	0.497	49	67
三门峡	229.59	1.390	111.71	1.390	49	100
小浪底	218.46	0.269	60.54	0.269	28	100
进入下游	232.28	0.269	70.32	0.269	30	100
花园口	224.42	0.323	72.69	0.203	32	63
夹河滩	215.31	0.388	68.89	0.214	32	55
高村	200.07	0.517	64.94	0.247	32	48
孙口	191.39	0.486	62.60	0.242	33	50
艾山	174.39	0.546	59.35	0.291	34	53
泺口	142.66	0.419	51.94	0.264	36	63
利津	110.95	0.298	43.96	0.234	40	78
华县	47.91	0.223	22.26	0.193	46	86
河津	7.49	0.094	3.83	0.094	51	100
洑头	4.50	0.013	2.63	0.013	58	100
黑石关	10.42	0.002	7.05	0.002	68	100
武陟	3.40	0.002	2.74	0.002	81	100

注:三门峡入库为龙门+华县+河津+洑头,进入下游为小浪底+黑石关+武陟。

主要支流控制水文站华县(渭河)、河津(汾河)、洑头(北洛河)、黑石关(伊洛河)、武陟(沁河)来水量分别为 47.91 亿 m³、7.49 亿 m³、4.50 亿 m³、10.42 亿 m³、3.40 亿 m³,较多年平均偏少 30%~60%。

干流主要控制水文站头道拐、龙门、潼关、花园口和利津年沙量分别为 0.405 亿 t、0.379 亿 t、0.742 亿 t、0.323 亿 t 和 0.298 亿 t(见表 1-2),较多年平均偏少 60% 以上(见图 1-7、图 1-8),其中龙门和潼关年沙量为有实测资料以来最小值(见图 1-9)。主要支流控制水文站华县(渭河)年沙量为 0.223 亿 t,也为有实测资料以来最小值。

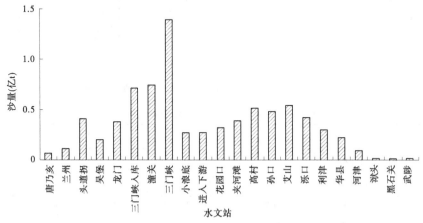

图 1-7　主要干支流水文站年实测沙量

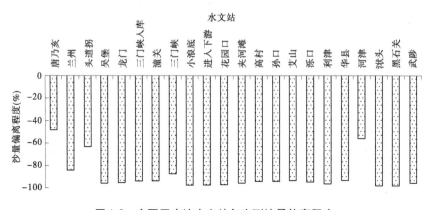

图 1-8　主要干支流水文站年实测沙量偏离程度

年沙量偏少幅度大于年水量偏少幅度,汛期水沙量偏少幅度均大于年水沙量的。从汛期水量占年比例看,干流沿程减少,支流(渭河)、河津(汾河)、洑头(北洛河)均不足 60%。

(二)干支流没有出现黄河编号洪水

2014 年干支流没有出现黄河编号洪水,仅部分支流出现小洪水,主要水文站全年最大流量除头道拐出现在桃汛期,其余基本出现在汛期的 7 月和 9 月(见图 1-10)。龙门 9 月 12 日最大洪峰流量 1 990 m³/s,潼关 9 月 18 日最大洪峰流量 3 570 m³/s,花园口 7 月 2 日最大流量 3 990 m³/s。

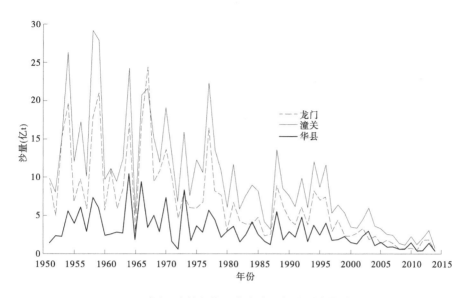

图 1-9　龙门、潼关和华县水文站历年实测沙量过程

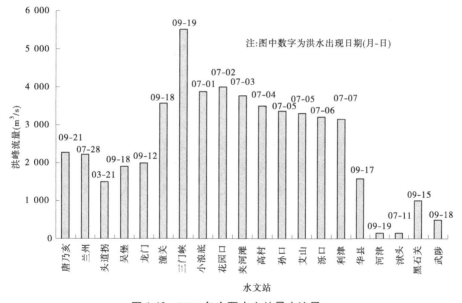

图 1-10　2014 年主要水文站最大流量

后汛期受降雨影响,黄河河源区、中游渭河、下游伊洛河和沁河均出现明显的洪水过程,但洪峰流量均不大,干流唐乃亥水文站最大洪峰流量 2 300 m³/s,渭河华县水文站最大洪峰流量仅 1 590 m³/s,伊洛河黑石关水文站最大洪峰流量 1 000 m³/s。花园口水文站在小浪底水库汛前调水调沙过程中出现 3 990 m³/s 洪水。

1. 上游洪水

受持续降雨影响,自 9 月 11 日起黄河河源区各主要水文站流量缓慢上涨,唐乃亥 1 500 m³/s 以上流量持续时间为 9 月 16 日至 10 月 3 日,洪水总水量 40.33 亿 m³。唐乃亥洪峰流量2 300 m³/s(9月20日19时24分),经过龙羊峡水库调蓄,出库水文站贵德仅1 090 m³/s,削峰率52%。

2. 渭河洪水

受降雨影响,渭河后汛期出现了连续的小洪水过程,华县分别于9月10日14时、13日8时30分和17日20时出现洪峰为650 m³/s、910 m³/s、1 590 m³/s的洪水过程(见图1-11),与干流龙门洪水汇合后,形成潼关最大洪峰3 570 m³/s的洪水过程,三门峡水库利用该洪水排沙,出库最大流量5 510 m³/s、最大含沙量116 kg/m³,小浪底水库全部拦蓄。

图1-11　2014年渭河洪水过程

3. 花园口洪水

2014年花园口有两场洪水(见图1-12),分别出现在小浪底水库汛前调水调沙期和后汛期。第一场洪水洪峰流量为3 990 m³/s,主要为小浪底水库泄水,第二场洪水洪峰流量为1 130 m³/s,主要为支流伊洛河和沁河洪水,洪峰流量分别为1 000 m³/s和493 m³/s。

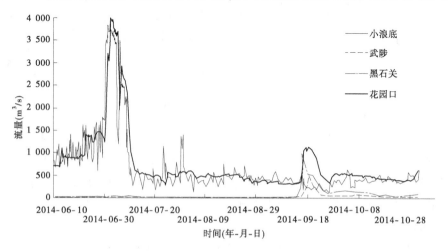

图1-12　2014年黄河下游洪水过程

三、汛期山陕区间降雨偏多

2014 年河口镇—龙门区间(1998 年以后为河曲—龙门,1998 年以前为河口镇—龙门)汛期降雨量 306.1 mm,实测水量 5.00 亿 m³,实测输沙量 0.194 亿 t,与多年 1956—2000 年相比,降雨偏多 6%,实测来水量偏少 82%,实测来沙量为历史最小值。

1969 年以前降雨—实测水量、实测水量—实测输沙量有着较好的相关关系,实测水量随着降雨量、实测沙量又随着水量的增减而增减(见图 1-13)。2000 年以后降雨量与实测水量关系改变,同一降雨量条件下,实测水量减少,而且随着降雨量的增加,实测水量增加很少。2014 年降雨量虽然偏多,但实测水量仅是 1969 年以前相同降雨量下的 18%。

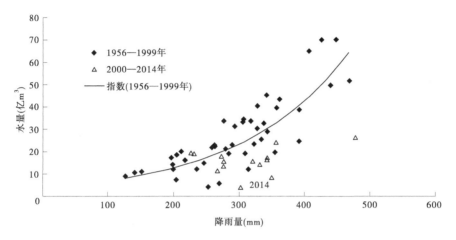

图 1-13　汛期河龙区间降雨与实测水量关系

2000 年以前各时期河龙区间实测水沙关系基本在同一趋势带,但 2000 年以后实测水沙关系明显分带,相同水量条件下沙量显著减少(见图 1-14)。2014 年水沙关系仍然符合 2000 年以来的线性变化规律。

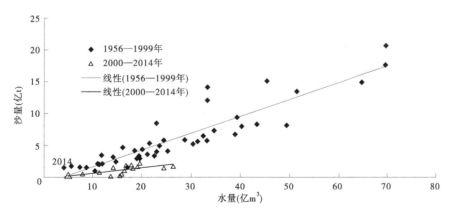

图 1-14　汛期河龙区间水沙关系

第二章 主要水库调蓄对干流水沙量影响

截至 2014 年 11 月 1 日,黄河流域 8 座主要水库蓄水总量 334.08 亿 m³(见表 2-1),其中龙羊峡水库、刘家峡水库和小浪底水库蓄水量分别为 209.43 亿 m³、27.33 亿 m³ 和 76.97 亿 m³,占蓄水总量的 63%、8% 和 23%。与上年同期相比,8 座水库蓄水总量增加 32.04 亿 m³,主要是小浪底水库增加 25.76 亿 m³。8 座水库非汛期共补水 77.68 亿 m³,其中龙羊峡水库和小浪底水库占 99%;8 座水库汛期蓄水量增加 109.72 亿 m³,其中龙羊峡水库和小浪底水库占 95%,汛期蓄水增加主要在后汛期,占汛期蓄水量的 94%。

表 2-1 2014 年主要水库蓄水量

水库	2014 年 11 月 1 日		非汛期蓄水变量(亿 m³)	汛期蓄水变量(亿 m³)	全年蓄水变量(亿 m³)	前汛期蓄水变量(亿 m³)	后汛期蓄水变量(亿 m³)
	水位(m)	蓄水量(亿 m³)					
龙羊峡	2 589.81	209.43	-43.01	44.36	1.35	13.85	30.51
刘家峡	1 724.28	27.33	-0.78	1.87	1.09	1.19	0.68
万家寨	974.25	2.86	1.86	0.35	2.21	-2.39	2.74
三门峡	317.73	4.32	-0.55	0.26	-0.29	-3.14	3.40
小浪底	266.98	76.97	-34.00	59.76	25.76	-1.86	61.62
东平湖老湖	40.93	2.53	-0.64	-0.57	-1.21	-0.33	-0.24
陆浑	313.11	4.30	-0.65	1.69	1.04	-0.72	2.41
故县	532.96	6.34	0.09	2.00	2.09	0.13	1.87
合计		334.08	-77.68	109.72	32.04	6.73	102.99

注:"-"为水库补水。

一、龙羊峡水库运用及对洪水的调节

截至 2014 年 11 月 1 日龙羊峡水库库水位为 2 589.81 m,相应蓄水量 209.43 亿 m³,较上年同期水位上升 0.38 m,蓄水量增加 1.35 亿 m³,全年最低水位 2 574.01 m,最高水位 2 589.83 m(见图 2-1),水库前汛期蓄水量 13.85 亿 m³,后汛期蓄水量 30.51 亿 m³。

9 月 20 日 19 时 24 分,进库水文站唐乃亥洪峰流量 2 300 m³/s,经过龙羊峡水库调蓄,出库水文站贵德仅 1 090 m³/s(见图 2-2),削峰率 52%。

二、刘家峡水库运用及对洪水的调节

截至 2014 年 11 月 1 日刘家峡水库库水位 1 724.28 m,相应蓄水量 27.33 亿 m³,较上

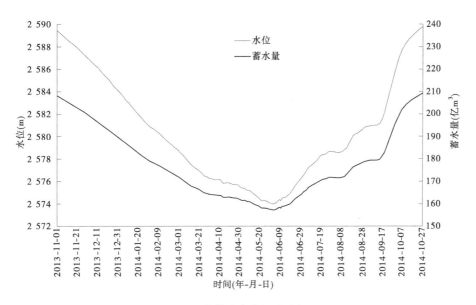

图 2-1　龙羊峡水库运用过程

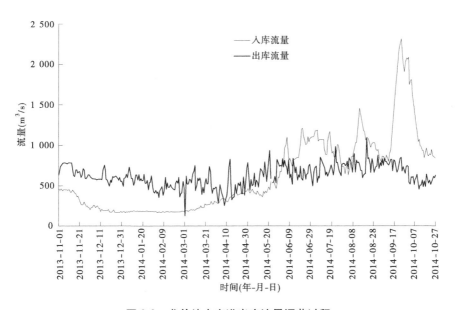

图 2-2　龙羊峡水库进出库流量调节过程

年同期水位上升 1.03 m,蓄水量增加 1.09 亿 m³,全年最低水位 1 719.63 m,最高水位 1 734.81 m(见图 2-3)。

刘家峡水库出库过程主要根据防凌、防洪、灌溉和发电的需要控制。由图 2-4 可以看出汛期进库仅 1 场洪水,日最大流量为 1 420 m³/s(9 月 24 日),经过水库调节,相应出库流量为 778 m³/s,削峰率 37%。

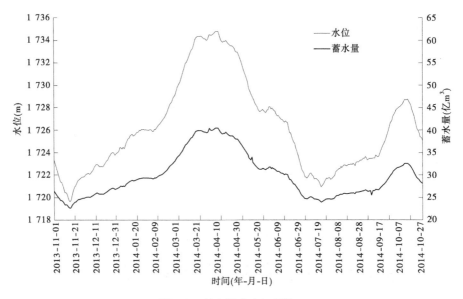

图 2-3　刘家峡水库运用情况

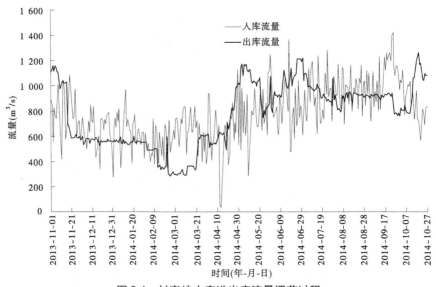

图 2-4　刘家峡水库进出库流量调节过程

三、万家寨水库运用及对水流的调节

万家寨水库主要任务是发电和灌溉,对水沙过程的调节主要在桃汛期、调水调沙期和灌溉期。

宁蒙河段开河期间,头道拐水文站形成了较为明显的桃汛洪水过程,洪峰流量 1 500 m³/s,最大日均流量 1 150 m³/s。为了配合利用桃汛洪水过程冲刷降低潼关高程,在确保内蒙古河段防凌安全的条件下,利用万家寨水库蓄水量及龙口水库配合进行补水(见图 2-5),其间共补水约 2.16 亿 m³,出库(河曲站)最大瞬时流量 1 590 m³/s(见图 2-6)。

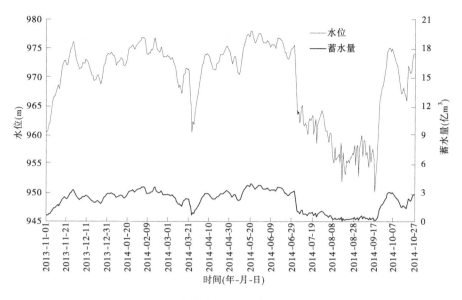

图 2-5 万家寨水库水位、蓄水量变化过程

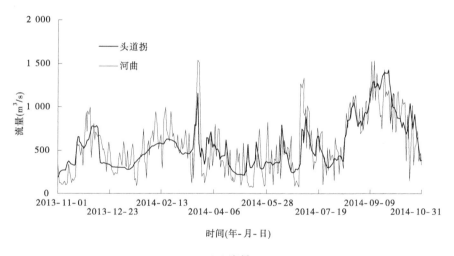

（a）流量

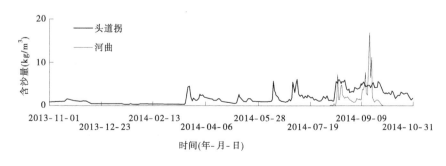

（b）含沙量

图 2-6 万家寨水库进出库水沙过程

在调水调沙期,为冲刷三门峡水库库区非汛期淤积泥沙,塑造三门峡水库出库高含沙水流过程,以增加调水调沙后期小浪底水库异重流后续动力,自6月29日16时起,万家寨水库与龙口水库联合调度运用,出库流量按1 500 m³/s均匀下泄,直至万家寨水库水位降至966 m,龙口水库水位降至汛限水位893 m后,按不超汛限水位控制运用。7月2日晚万家寨水库、龙口水库均已降至汛限水位以下,转入正常防洪运用。从6月29日16时至7月3日8时,出库流量控制在1 500 m³/s左右,大流量下泄历时约88 h。

四、三门峡水库运用及对水流的调节

(一)水库运用情况

2014年非汛期三门峡水库运用水位原则上仍按不超过318 m控制。实际平均运用水位317.67 m,日均最高运用水位319.25 m,瞬时最高运用水位319.42 m(5月22日),水库运用过程见图2-7,其中3月中旬为配合桃汛试验,降低库水位运用,最低降至314.04 m,各月平均水位见表2-2。与2003—2013年非汛期最高运用水位318 m控制运用以来平均情况相比,非汛期平均水位抬高0.83 m,5月平均水位超过318 m,各月平均水位均有不同程度抬高。

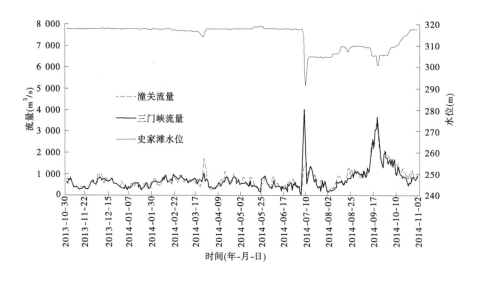

图2-7 2014年三门峡水库进出库流量和蓄水位过程

表2-2 2014年非汛期史家滩各月平均水位 (单位:m)

月份	11	12	1	2	3	4	5	6	平均
2014年	317.80	317.87	317.80	317.51	316.59	317.78	318.26	317.77	317.67
2003—2013年	316.72	317.24	317.13	317.35	315.90	317.29	317.46	315.72	316.84

由表2-3可知,非汛期库水位在318 m以上的天数共18 d,占非汛期的比例为7.44%,其中水位319 m以上3 d,占非汛期的1.24%;水位317~318 m的天数最多,为

197 d,占非汛期天数的 81.4%;水位在 316~317 m 的天数为 22 d,占非汛期天数的 9.09%;水位在 315~316 m 的天数为 2 d,占非汛期天数的 0.83%,水位在 315 m 以下的天数有 5 d,占非汛期天数的 2.07%,非汛期库水位均在 314 m 以上,最低运用水位 314.04 m,最高水位 319.25 m 的回水末端约在黄淤 34 断面,潼关河段不受水库蓄水直接影响。

表 2-3　非汛期各级库水位出现天数及所占比例

库水位(m)	319 以上	318~319	317~318	316~317	315~316	314~315	314 以上
出现天数(d)	3	15	197	22	2	3	242
比例(%)	1.24	6.20	81.40	9.09	0.83	1.24	100

汛期三门峡水库运用原则上仍按平水期控制水位不超过 305 m、流量大于 1 500 m³/s 敞泄排沙的运用方式,实际运用过程见图 2-7。汛期坝前平均水位 308.5 m,瞬时最低运用水位 290.9 m(7 月 8 日),其中从配合小浪底水库调水调沙开始到 9 月 30 日的平均水位为 306.45 m。

7 月 4 日至 9 月 30 日,三门峡水库共进行了 2 次敞泄运用,水位 300 m 以下的天数累计 3 d,最低运用水位 290.90 m,其中 7 月 4—8 日水库由蓄水状态到泄空的过程是为配合黄河调水调沙生产运行而进行的首次敞泄运用,9 月 18—20 日则对应于汛期最大洪峰流量过程,潼关入库最大日均流量为 3 390 m³/s,属于洪水期敞泄。敞泄期间 300 m 以下低水位连续最长时间为 3 d,出现在 7 月 6—8 日。从水库运用过程上来看,在调水调沙期水库由蓄水状态转入敞泄运用,调水调沙后到 9 月 18—20 日最大洪峰过程前,水库一直按平水期控制水位运用,其间 7 月 9 日至 8 月 3 日按 305 m 水位控制运用,之后水位抬高,按 310 m 控制运用(注:2014 年 8 月 3 日以后为解决城市居民生活用水危机紧急抬高三门峡蓄水位至 310 m)。9 月 18—20 日最大洪峰过程期间水库再次转入敞泄排沙状态,到该洪水落水阶段,水库由敞泄状态调整为按 305 m 控制运用,9 月 30 日水库开始逐步抬高运用水位向非汛期过渡,10 月 23 日水位达 317.45 m,之后库水位一直控制在 317.6~317.8 m。敞泄运用时段水位特征值见表 2-4。

表 2-4　2014 年三门峡水库敞泄运用时段特征值统计

时段 (月-日)	水位低于 300 m 天数(d)	坝前水位(m)		潼关最大日均流量 (m³/s)
		平均	最低	
07-06—08	3	295.05	290.90	1 380
09-18—20	0	302.24	300.68	3 390

(二)水库对水沙过程的调节

2014 年三门峡水库非汛期平均蓄水位 317.67 m,最高日均水位 319.25 m,桃汛试验期间水库降低水位运用,最低降至 314.04 m。汛期坝前平均水位 308.5 m,其中从 7 月 4 日开始配合调水调沙到 9 月 30 日的平均水位为 306.45 m。

非汛期水库蓄水运用,进出库流量过程总体上较为接近,桃汛洪水期水库有明显的削峰作用,潼关入库最大日均流量为 1 730 m³/s,相应出库流量削减至 1 000 m³/s 以下。非汛期进库含沙量范围为 0.323~6.13 kg/m³，入库泥沙基本淤积在库内。桃汛洪水期水库运用水位在 314 m 以上，仍为蓄水运用状态，入库最大日均流量为 1 730 m³/s，含沙量为 0.77~3.86 kg/m³，相应出库最大流量为 1 080 m³/s。

小浪底水库调水调沙期，利用三门峡水库 318 m 以下蓄水量塑造洪峰，7 月 4—8 日，入库最大瞬时流量为 1 560 m³/s，最大瞬时含沙量为 15.5 kg/m³，沙量为 0.018 亿 t；出库最大瞬时流量为 5 210 m³/s，最大日均流量为 4 020 m³/s，水库敞泄运用，水位降低后开始排沙，出库最大瞬时含沙量 340 kg/m³，最大日均含沙量为 174 kg/m³，排沙量为 0.636 亿 t，排沙比为 3 468%。汛期平水期按水位 305 m 及 310 m 控制运用，进出库流量及含沙量过程均差别不大；洪水期水库敞泄运用时（坝前最低水位为 300.68 m），进出库流量相近，而出库含沙量远大于入库，其余时段进出库含沙量变化不明显（见图 2-8），表 2-5 为低水位时进出库含沙量对比。

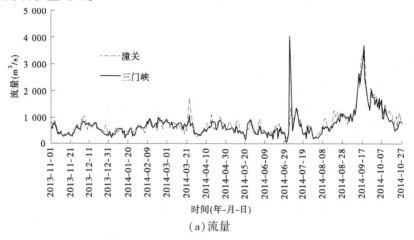

（a）流量

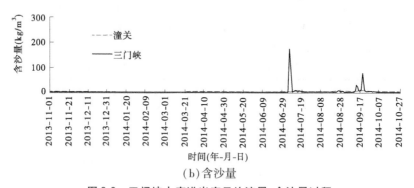

（b）含沙量

图 2-8 三门峡水库进出库日均流量、含沙量过程

表 2-5 2014 年水库敞泄进出库含沙量对比

水沙参数	7 月 6 日	7 月 7 日	7 月 8 日	9 月 19 日	9 月 20 日
坝前最低水位（m）	297.21	290.9	297.05	300.68	300.78
出库最大含沙量（kg/m³）	174	153	59.7	78.9	46.2
相应进库含沙量（kg/m³）	2.76	3.4	2.48	8.96	6.67

(三)水库排沙情况

根据进出库水沙资料统计,2014 年三门峡水库全年排沙量为 1.390 亿 t,且所有排沙过程均发生在汛期(见图 2-8),汛期排沙量主要取决于流量过程和水库敞泄程度。

三门峡水库汛期排沙量为 1.390 亿 t,相应入库沙量为 0.498 亿 t,水库排沙比 279%。不同时段排沙情况见表 2-6。

表 2-6 2014 年汛期三门峡水库排沙量

日期 (月-日)	水库运用状态	汛期分时段	史家滩平均水位 (m)	潼关		三门峡		淤积量 (亿 t)	排沙比 (%)
				水量 (亿 m³)	沙量 (亿 t)	水量 (亿 m³)	沙量 (亿 t)		
07-01—02	蓄水	平水期	317.57	0.37	0.001	0.15	0	0.001	0
07-03—05	蓄水	洪水期	316.86	1.56	0.010	3.91	0.004	0.005	46
07-06—08	敞泄	洪水期	295.05	2.99	0.009	4.04	0.631	−0.622	7 218
07-09—19	控制	洪水期	304.63	8.46	0.035	8.17	0.041	−0.006	117
07-20—09-09	控制	平水期	307.50	31.95	0.128	30.05	0.041	0.087	32
09-10—18	控制	洪水期	306.47	17.79	0.118	17.72	0.227	−0.109	192
09-19—20	敞泄	洪水期	300.73	5.34	0.042	5.43	0.355	−0.313	844
09-21—23	控制	洪水期	305.47	4.56	0.036	5.11	0.039	−0.003	109
09-24	控制	平水期	305.53	1.21	0.007	1.28	0.005	0.002	68
09-25—30	控制	洪水期	305.56	9.47	0.039	8.81	0.033	0.006	83
10-01—05	蓄水	洪水期	308.66	6.63	0.025	6.64	0.009	0.015	39
10-06—31	蓄水	平水期	314.45	23.03	0.048	20.38	0.004	0.044	8
敞泄期			297.32	8.33	0.051	9.48	0.986	−0.935	1 933
非敞泄期			308.98	105.04	0.447	102.23	0.404	0.043	90
汛期			308.50	113.37	0.498	111.71	1.390	−0.892	279
洪水期			305.70	56.80	0.314	59.85	1.341	−1.027	428
平水期			309.96	56.57	0.184	51.86	0.049	0.135	27

汛期间的平水期排沙比较小,而洪水期排沙比较大,特别是敞泄时。2014 年水库共进行了 2 次敞泄排沙,第一次敞泄为小浪底水库调水调沙期,另一次发生在 9 月 19—20 日汛期最大洪峰流量过程中。其中,第一次为 7 月 6 日降低水位泄水,排沙量显著增大,7 月 6—8 日库水位连续处于 300 m 以下,3 d 内水库排沙 0.631 亿 t,排沙比高达 7 218%,9 月 19—20 日水库敞泄运用期间,排沙量达 0.355 亿 t,排沙比为 844%,两次敞泄过程 5 d 内共排沙 0.986 亿 t,占汛期排沙总量的 71%,敞泄期平均排沙比 1 933%。从洪水期排沙情况看,调水调沙间 7 月 3—19 日洪水过程,时段出库沙量为 0.676 亿 t,排沙比为 1 252%;9 月 10—23 日洪水期过程中,坝前水位为 300.68~309.21 m,出库沙量为 0.621 亿 t,排沙比为 317%;9 月 25 日至 10 月 5 日洪水过程,坝前水位 305.44~309.3 m,排沙量为 0.042 亿 t,排沙比 66%。3 场洪水过程出库总沙量为 1.341 亿 t,占汛期出库沙量的 96%,平均排沙比为 428%。在 7—9 月的平水期,入库流量多在 1 000~2 000 m³/s,含沙量低,库区有一定淤积,10 月水库基本为蓄水运用,但入库沙量很少,基本没有排沙,平水

期出库沙量为 0.049 亿 t,平均排沙比为 27%,库区淤积量为 0.135 亿 t。敞泄期径流量 8.33 亿 m³,仅占汛期水量的 7.3%,但排沙量占汛期的 71%,库区冲刷量占汛期的 105%;洪水期(含敞泄期)排沙量占汛期的 96%,库区冲刷 1.027 亿 t,占汛期冲刷量的 115%。

可见,2014 年三门峡水库排沙主要集中在汛期的洪水期,完全敞泄时库区冲刷量更大,排沙效率高,排沙比远大于 100%;非敞泄期,入库流量较大时,排沙比大于 100%,小流量过程(平水期)排沙比均小于 100%。

五、小浪底水库运用及对径流的调节

(一)水库运用情况

2014 年小浪底水库以满足黄河下游防洪、减淤、防凌、防断流以及供水等为主要目标,进行了防洪和春灌蓄水、调水调沙及供水调度。2014 年水库最高水位达到 266.89 m (10 月 31 日 8 时),日均最低水位达到 222.05 m(7 月 5 日 11 时),库水位及蓄水量变化过程见图 2-9。

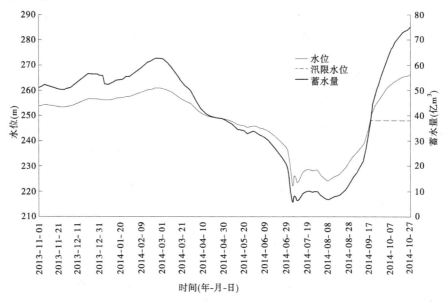

图 2-9　小浪底水库库水位及蓄水量变化过程

2014 年水库运用可划分为四个大的阶段:

第一阶段 2013 年 11 月 1 日至 2014 年 6 月 28 日。水库以蓄水、防凌、供水为主。其中,2013 年 11 月 1 日至 2014 年 3 月 1 日,水库蓄水,水位最高达到 260.89 m,相应蓄水量 62.68 亿 m³。2014 年 3 月 2 日至 6 月 28 日,为保证黄河下游工农业生产、城市生活及生态用水,水库向下游补水,至 2014 年 6 月 29 日 8 时,水库补水 41.98 亿 m³,蓄水量减至 20.7 亿 m³,库水位降至 237.63 m,保证了下游用水及河道不断流。

第二阶段 6 月 29 日至 7 月 9 日为汛前调水调沙生产运行期。该阶段又分为小浪底水库清水下泄期和排沙期。小浪底水库清水下泄期从 2014 年 6 月 29 日 8 时至 7 月 5 日 0 时,小浪底水库加大清水下泄流量,冲刷并维持下游河槽过洪能力,至 7 月 5 日 0 时入工塑造异重流开始时,坝上水位已由 237.63 m 降至 222.87 m,水位累计下降 14.76 m,蓄水量由 20.7 亿 m³ 降至 6.05 亿 m³,下泄水量 14.65 亿 m³。小浪底水库排沙期从 2014 年 7 月 5 日 15 时至 9 月 0 时,7 月 5 日 0 时三门峡水库开始加大泄量进行人工塑造异重流,7 月 5 日 15 时 48 分形成的高含沙异重流运行至坝前排泄出库。其间,库水位一度降至 222.05 m(7 月 5 日 11 时),对应最小蓄水量 5.57 亿 m³。至 7 月 9 日 0 时调水调沙结束,小浪底库水位为 223.84 m,蓄水量为 6.64 亿 m³,比调水调沙期开始时减少 14.06 亿 m³。

第三阶段 7 月 10 日至 8 月 20 日。水库以防洪为主,水位始终控制在汛限水位以下,最高为 228.65 m。

第四阶段 8 月 21 日至 10 月 31 日。水库以蓄水为主,至 10 月 31 日 8 时,水位上升至 266.89 m,相应蓄水量为 76.75 亿 m³。

(二)水库对水沙过程的调节

与前几年相比,2014 年入库水量偏少。日均入库流量大于 3 000 m³/s 流量级出现天数为 4 d,主要出现在汛前调水调沙期和秋汛洪水期,最长持续 3 d,最大日均入库流量 4 020 m³/s(7 月 5 日)。年内三门峡水库排沙 75 d(按三门峡出库含沙量统计),主要出现在汛前调水调沙期和汛期洪水期,最长持续 52 d(8 月 20 日至 10 月 12 日),最大日均入库含沙量 78.9 kg/m³(9 月 19 日)。进出库各级流量及含沙量持续时间及出现天数见表 2-7 及表 2-8。

表 2-7　小浪底水库进出库各级流量历时及出现天数

流量(m³/s)		<500	500~800	800~1 000	1 000~2 000	2 000~3 000	>3 000
入库天数(d)	出现	117	148	52	35	9	4
	持续	18	17	7	11	5	3
出库天数(d)	出现	157	98	42	60	4	4
	持续	69	11	6	39	3	4

注:表中持续天数为全年该级流量连续出现最长时间。

表 2-8　2014 年小浪底水库进出库含沙量历时及出现天数

含沙量(kg/m³)	>100		50~100		0~50		0	
	出现	持续	出现	持续	出现	持续	出现	持续
入库天数(d)	2	2	2	1	71	30	290	246
出库天数(d)	0	0	0	0	6	5	359	241

注:表中持续天数为全年该级含沙量连续出现最长时间。

出库流量大于 2 000 m³/s 的天数仅 8 d,均在汛前调水调沙期,年内最大日均出库流量 3 700 m³/s(7 月 2 日);流量介于 1 000~2 000 m³/s 的时段主要集中在春灌期 2~3 月以及汛前调水调沙期;出库流量小于 1 000 m³/s 的天数有 297 d。年内小浪底水库排沙仅 6 d,均在汛前调水调沙期,最大日均出库含沙量为 49.8 kg/m³(7 月 6 日)。

2014 年小浪底水库入库水量为 229.60 亿 m³,从年内分配看,汛期入库水量为

111.71 亿 m³,占年水量的 48.7%;非汛期入库水量为 117.89 亿 m³,占年水量的 51.3%。全年入库沙量为 1.390 亿 t,全部来自汛期,其中汛前调水调沙期间三门峡水库下泄沙量为 0.636 亿 t,占年入库沙量的 45.8%。

2014 年小浪底水库全年出库水量为 218.46 亿 m³,其中汛期水量为 60.54 亿 m³,占全年出库水量的 27.7%;而春灌期 3~6 月下泄水量为 109.58 亿 m³,占全年出库水量的 50.2%;汛前调水调沙期(6 月 29 日至 7 月 9 日)出库水量 24.73 亿 m³,占全年出库总水量的 11.3%。全年出库沙量仅为 0.269 亿 t,全部集中在汛前调水调沙期。

经过小浪底水库调节,进出库流量及含沙量过程发生了较大的改变(见图 2-10)。

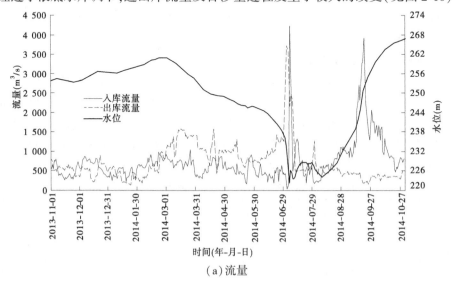

(a)流量

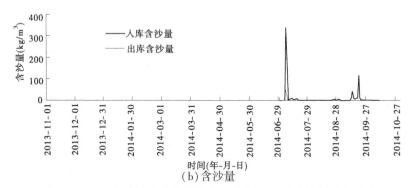

(b)含沙量

图 2-10　2014 年小浪底水库进出库日均流量、日均含沙量过程对比

(三)水库排沙情况

2014 年小浪底水库全年进出库沙量分别为 1.390 亿 t、0.269 亿 t。进出库泥沙主要集中在汛前调水调沙期和汛期洪水期。其中 6 月 29 日至 7 月 9 日汛前调水调沙期和 9 月 11—23 日汛期洪水期小浪底水库入库沙量分别为 0.636 亿 t、0.621 亿 t(见表 2-9),分别占全年入库沙量的 45.8%、44.7%;小浪底水库仅汛前调水调沙期排沙 0.269 亿 t,其他时段小浪底水库下泄清水。汛前调水调沙小浪底水库排沙比 42.3%,全年排沙比为 19.4%。

表 2-9　2014 年小浪底水库洪水期进出库特征参数

特征参数			汛前调水调沙 6 月 29 日至 7 月 9 日		汛期洪水 9 月 11 日至 9 月 23 日	
			入库	出库	入库	出库
水量(亿 m³)			9.45	24.73	27.34	2.94
沙量(亿 t)			0.636	0.269	0.621	0
流量	瞬时	最大值(m³/s)	5 210	4 490	5 510	—
		出现时间	7 月 5 日 22 时	7 月 1 日 12 时 48 分	9 月 19 日 5 时 24 分	—
	日均	最大值(m³/s)	2 020	3 830	3 690	420
		出现时间	7 月 5 日	7 月 2 日	9 月 19 日	9 月 15 日
	时段平均(m³/s)		994.1	2 601.8	2 433.8	262
含沙量	瞬时	最大值(kg/m³)	340	136.09	151	—
		出现时间	7 月 6 日 11 时	7 月 6 日 4 时 54 分	9 月 19 日 8 时 42 分	—
	日均	最大值(kg/m³)	174	49.8	78.9	0
		出现时间	7 月 6 日	7 月 6 日	9 月 19 日	—
	时段平均(kg/m³)		67.3	10.9	22.7	0
库水位	最大值(m)/出现时间		237.63/6 月 29 日 8 时		254.33/9 月 23 日 8 时	
	最小值(m)/出现时间		222.05 /7 月 5 日 11 时		238.39/9 月 11 日 8 时	

六、大型水库调蓄及对干流水量的调节

龙羊峡水库、刘家峡水库控制了黄河上游主要清水来源区,对整个流域水量影响比较大,小浪底水库是水沙进入黄河下游的重要控制枢纽,对下游水沙影响比较大。初步将三大水库 2014 年蓄泄水量还原后(见表 2-10)可以看出,龙羊峡水库、刘家峡水库非汛期共补水 43.79 亿 m³,汛期蓄水 46.23 亿 m³,头道拐汛期实测水量 84.23 亿 m³,占头道拐年水量比例 48%,如果没有龙羊峡水库、刘家峡水库调节,汛期水量为 130.46 亿 m³,汛期占全年比例可以增加到 73%。

花园口水文站和利津水文站汛期实测水量分别为 72.69 亿 m³ 和 43.96 亿 m³,分别占年水量的 32% 和 40%,如果没有龙羊峡水库、刘家峡水库和小浪底水库调节,花园口和利津汛期水量分别为 178.68 亿 m³ 和 149.95 亿 m³,占全年比例分别为 71% 和 108%。特别是利津非汛期实测水量 66.98 亿 m³,如果没有龙羊峡水库、刘家峡水库和小浪底水库的联合调节,为 -10.81 亿 m³,可见水库联合调度发挥了不断流的作用。

表 2-10　2014 年水库运用对干流水量的调节

水库及干流断面水量	非汛期 （亿 m³）	汛期 （亿 m³）	全年 （亿 m³）	汛期占年（%）
龙羊峡水库蓄泄水量	-43.01	44.36	1.35	
刘家峡水库蓄泄水量	-0.78	1.87	1.09	
龙羊峡、刘家峡两库合计	-43.79	46.23	2.44	
头道拐站实测水量	91.19	84.23	175.42	48
还原两库后头道拐水量	47.40	130.46	177.86	73
小浪底水库蓄泄水量	-34.00	59.76	25.76	
花园口站实测水量	151.73	72.69	224.42	32
利津站实测水量	66.98	43.96	110.94	40
还原龙羊峡、刘家峡、小浪底 水库后花园口水量	73.94	178.68	252.62	71
还原龙羊峡、刘家峡、 小浪底水库后利津水量	-10.81	149.95	139.14	108

第三章 三门峡水库库区冲淤及潼关高程变化

一、潼关以下冲淤调整

根据大断面测验资料,2014 年非汛期潼关以下库区淤积 0.379 亿 m³,汛期冲刷 0.645 亿 m³,年内冲刷 0.266 亿 m³。

图 3-1 为沿程冲淤强度变化。非汛期分别以黄淤 20 和黄淤 36 断面为界,库区坝前段坝址—黄淤 20 及库尾段黄淤 36—黄淤 41 总体上呈现沿程冲淤交替发展的趋势,但冲淤幅度较小,部分河段冲淤接近平衡,其中黄淤 36—黄淤 38 河段有一定冲刷,量值较小,冲刷强度在 200 m³/m 左右。库区中段黄淤 20—黄淤 36 表现为淤积,淤积强度较大的河段分别是黄淤 22—黄淤 29 和黄淤 30—黄淤 32,单位河长淤积量均在 500 m³/m 以上,最大为 1 356 m³/m。汛期除黄淤 18—黄淤 20 以及黄淤 36—黄淤 38 河段有少量淤积外,全河段整体上呈冲刷状态,其中坝址附近冲刷强度最大,达 2 759 m³/m,坝址—黄淤 18 库段冲刷强度向上游逐渐递减。库区中段黄淤 24—黄淤 29 及黄淤 33—黄淤 35 区间冲刷较为剧烈,冲刷强度均大于 500 m³/m,最大值为 1 103 m³/m。

从全年来看,受汛期水库敞泄排沙的影响,库区坝前段坝址—黄淤 17 仍表现为强烈的溯源冲刷,最大冲刷强度为 2 615 m³/m;库区中段黄淤 17—黄淤 33 则以淤积为主,其中黄淤 31—黄淤 32 河段淤积强度最大,达 774 m³/m;库尾段黄淤 33—黄淤 41 呈冲刷状态,冲刷强度较大的区域位于黄淤 33—黄淤 35 河段,冲刷强度达 713 m³/m。

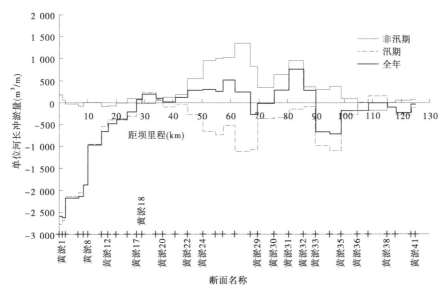

图 3-1 三门峡潼关以下库区冲淤量沿程分布

从各河段冲淤量来看(见表 3-1),黄淤 12—黄淤 36 河段具有非汛期淤积、汛期冲刷的特点,冲淤变化最大的河段在黄淤 22—黄淤 30,其次是黄淤 30—黄淤 36 河段,而其他各河段在汛期和非汛期均表现为冲刷。全年来看,除黄淤 22—黄淤 30 河段为淤积外,其他河段均为冲刷,其中大坝—黄淤 12 河段冲刷量最大,为 0.284 4 亿 m³,占潼关以下库区总冲刷量的 107%,黄淤 30—黄淤 36 断面冲刷量最小,仅 0.004 3 亿 m³。非汛期水库蓄水运用,入库泥沙基本淤积在库内,且主要淤积在库区中段。由于 2013 年汛后库区坝前淤积严重,因此在汛期洪水期水库敞泄排沙时,坝前堆积泥沙也极易冲刷出库。2014 年与 2013 年相比,汛期冲刷量大,非汛期淤积量小(见图 3-2)。

表 3-1 潼关以下库区各河段冲淤量 (单位:亿 m³)

时段	大坝—黄淤 12	黄淤 12—黄淤 22	黄淤 22—黄淤 30	黄淤 30—黄淤 36	黄淤 36—黄淤 41	大坝—黄淤 41
非汛期	−0.003 5	0.013 9	0.250 9	0.132 6	−0.014 8	0.379 1
汛期	−0.280 9	−0.030 5	−0.188 4	−0.136 9	−0.008 1	−0.644 8
全年	−0.284 4	−0.016 6	0.062 5	−0.004 3	−0.022 9	−0.265 7

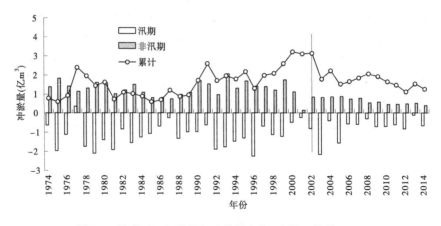

图 3-2 潼关以下河段历年冲淤量变化(大坝—黄淤 41)

二、小北干流河段冲淤调整

2014 年非汛期小北干流河段冲刷 0.139 1 亿 m³,汛期冲刷 0.144 6 亿 m³,全年共冲刷 0.283 7 亿 m³。与 2013 年相比,汛期表现相反(见图 3-3)。沿程河段冲淤强度变化见图 3-4。

由图 3-4 可以看出,非汛期小北干流河段沿程冲淤交替发展,其中黄河、渭河交汇区(黄淤 41—汇淤 6)以淤积分布为主,量值不大,淤积强度最大为 436 m³/m;黄淤 62—黄淤 64 河段淤积量较大,单位河长淤积量最大为 835 m³/m;黄淤 65 以上河段冲刷强度较大,最大为 943 m³/m。汛期除黄淤 51—黄淤 54 及黄淤 60—黄淤 62 河段有明显淤积外,其他河段多表现为不同程度的冲刷或微淤,其中黄渭交汇区黄淤 42—汇淤 4 河段冲刷剧

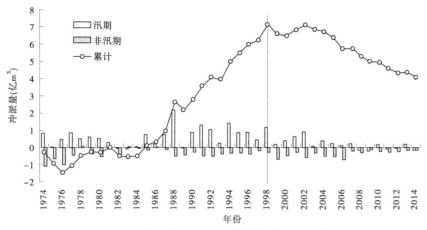

图 3-3　小北干流河段历年冲淤量变化(黄淤 41—黄淤 68)

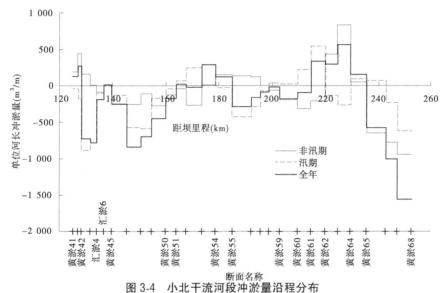

图 3-4　小北干流河段冲淤量沿程分布

烈,冲刷强度最大为 881 m³/m。全年来看,河段沿程冲淤变化趋势与汛期基本一致,仅在冲淤量值上有一定差别,其中黄渭交汇区及黄淤 45—黄淤 51 河段仍表现为一定程度的冲刷,黄淤 65 上游河段冲刷量较大,冲刷强度最大为 1 556 m³/m,黄淤 51—黄淤 55 河段仍以淤积为主,黄淤 61—黄淤 65 河段淤积强度相对较大,为 570 m³/m。总体上看,全河段汛期及非汛期冲淤强度均不大,除个别区域冲淤强度超过 500 m³/m 外,大部分均在 500 m³/m 以下。

从各河段的冲淤量看(见表 3-2),汛期、非汛期总体上均为冲刷,且冲刷量接近,黄淤 41—黄淤 45 河段表现出非汛期淤积、汛期冲刷的特点,其余河段汛期和非汛期均发生冲刷,其中非汛期黄淤 59—黄淤 68 河段冲刷量最大,而汛期黄淤 45—黄淤 50 河段冲刷量最大,黄淤 59—黄淤 68 河段冲刷量最小。全年来看,各河段均为冲刷,其中黄淤 59—黄淤 68 冲刷量最大,黄淤 45—黄淤 50 河段次之,黄淤 50—黄淤 59 河段冲刷量最小。

表 3-2　小北干流各河段冲淤量　（单位:亿 m³）

时段	黄淤 41—黄淤 45	黄淤 45—黄淤 50	黄淤 50—黄淤 59	黄淤 59—黄淤 68	黄淤 41—黄淤 68
非汛期	0.012 7	−0.040 1	−0.001 6	−0.110 1	−0.139 1
汛期	−0.054 4	−0.070 5	−0.011 4	−0.008 3	−0.144 6
全年	−0.041 7	−0.110 6	−0.013 0	−0.118 4	−0.283 7

三、潼关高程变化

2013 年汛后潼关高程为 327.55 m,非汛期总体淤积抬升,至 2014 年汛前为 328.02 m,淤积抬升 0.47 m,经过汛期的调整,冲刷下降 0.54 m,汛后潼关高程为 327.48 m,运用年内潼关高程下降 0.07 m,年内潼关高程变化过程见图 3-5。

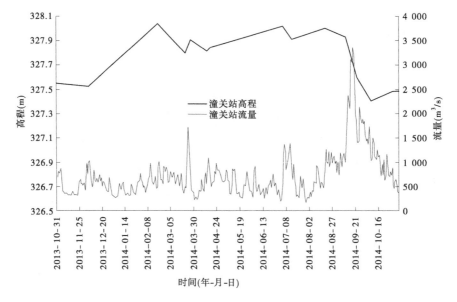

图 3-5　潼关高程变化过程

非汛期潼关河段不受水库变动回水的直接影响,主要受来水来沙条件和前期河床边界条件影响,基本处于自然演变状态。2013 年汛后潼关高程继续保持冲刷下降的趋势,在 12 月上旬降至 327.52 m,然后开始迅速回淤抬升,至 2014 年 2 月下旬潼关高程升至 328.04 m。之后潼关高程有一定冲刷,到桃汛洪水前下降至 327.79 m。在桃汛洪水期(3 月 22—27 日),潼关高程在桃汛洪水作用下并没有出现明显的冲刷下降,反而淤积抬升了 0.11 m,这与前期河床边界条件等因子直接相关。桃汛后至 4 月中旬,短期内潼关高程为 327.82 m,之后一直到汛前潼关高程逐渐回淤抬升,累计抬高 0.2 m,达到 328.02 m,至此,从 2013 年 12 月上旬至 2014 年汛前,非汛期潼关高程累计上升 0.50 m。

在汛期三门峡水库保持低水位运用,潼关入库泥沙较少,日均最大含沙量仅 9.2 kg/m³,潼关高程主要受水流条件的影响而发生升降交替变化。在 7 月 4—14 日调水调沙期间,虽然洪水过程流量偏小,平均流量为 1 073 m³/s,最大瞬时流量仅为 1 560 m³/s,但持续时间相对较长,潼关高程明显下降,洪水后为327.91 m。9月10日至10月8日,在两场较大的洪水过程作用下,潼关高程持续冲刷下降,且下降幅度大。其中9月10—23日为汛期最大洪峰流量过程,且历时较长,洪峰流量达3 570 m³/s,平均流量2 289 m³/s,洪水后潼关高程冲刷0.33 m,降至327.60 m。在9月25日至10月5日洪水过程中,洪峰流量为2 330 m³/s,平均流量1 694 m³/s,潼关高程进一步冲刷下降,从327.60 m降至327.41 m,达到年内最低点。此后至汛末,潼关高程略有回升,汛末潼关高程为327.48 m。至此,洪水期潼关高程累积降低0.61 m,汛期潼关高程由汛前的328.02 m下降至327.48 m共下降0.54 m,汛期潼关(六)水位流量关系见图3-6。

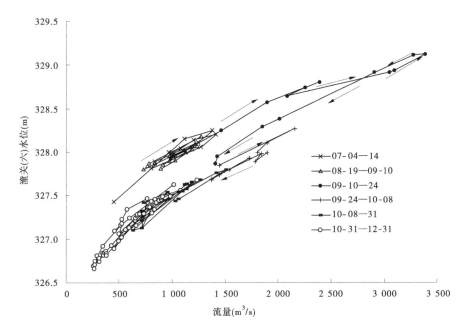

图3-6　汛期潼关(六)水位流量关系

由此可见,在汛期来沙较少的情况下,潼关高程的变化主要取决于流量过程,且大洪水对潼关高程的冲刷下降起重要作用。

图3-7为历年潼关高程变化过程。自1973年三门峡水库实行蓄清排浑控制运用以来,年际间潼关高程经历了"上升—下降—上升—下降"的往复过程,但总体上呈现淤积抬升的趋势;年内潼关高程基本上遵循非汛期抬升、汛期下降的变化规律。至2002年汛后,潼关高程为328.78 m,达到历史最高值,此后,经过2003年和2005年渭河秋汛洪水的冲刷,潼关高程有较大幅度的下降,恢复到1993—1994年的水平。2006年以后开始的"桃汛试验"使得潼关高程保持了较长时段的稳定,2012年在干流洪水作用下,潼关高程再次发生大幅下降,降至327.38 m,为1993年以来的最低值,至2014年汛后潼关高程为327.48 m。

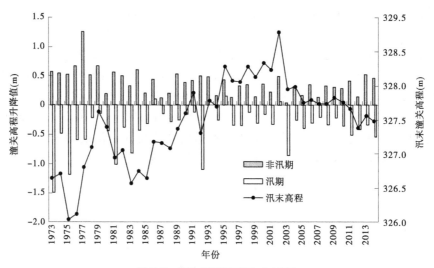

图 3-7　历年潼关高程变化过程

第四章 小浪底水库库区冲淤特点

一、水库冲淤变化

根据小浪底水库库区测验资料,利用断面法计算 2014 年小浪底水库全库区淤积量为 0.400 亿 m^3(见表 4-1),泥沙淤积分布有以下特点:

表 4-1 各时段小浪底水库库区淤积量 (单位:亿 m^3)

河段	2013 年 10 月至 2014 年 4 月	2014 年 4—10 月	2013 年 10 月至 2014 年 10 月
干流	−0.113	0.508	0.395
支流	−0.147	0.152	0.005
合计	−0.260	0.660	0.400

注:表中"−"表示发生冲刷。

(1)2014 年全库区泥沙淤积量为 0.400 亿 m^3,其中干流淤积量为 0.395 亿 m^3,支流淤积量为 0.005 亿 m^3。

(2)2014 年库区淤积全部集中于 4—10 月,淤积量为 0.660 亿 m^3,其中干流淤积量 0.508 亿 m^3,支流淤积量 0.152 亿 m^3,干流淤积占该时期库区淤积总量的 76.97%。

(3)全库区年内淤积主要集中在高程 215~225 m,以及 235~255 m,该区间淤积量达到 0.667 亿 m^3;冲刷主要发生在高程 225~235 m 及 215 m 以下。图 4-1 给出了 2014 年不同高程的冲淤量分布。

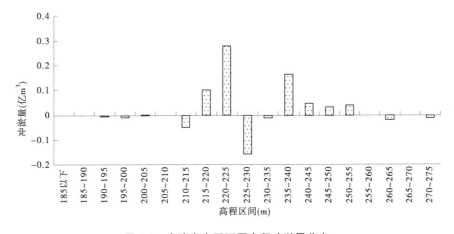

图 4-1 小浪底库区不同高程冲淤量分布

(4)图 4-2 给出了小浪底水库不同时段不同区间的冲淤量分布。可以看出,2014 年 4—

10 月,HH18(距坝 29.35 km)断面以下库段以及 HH39(距坝 67.99 km)—HH53(距坝 110.27 km)库段均发生不同程度淤积,其中坝前至 HH18 断面以下库段(含支流)淤积量为 0.636 亿 m³,全年淤积 0.406 亿 m³,是淤积的主体;HH18—HH39 库段发生少量冲刷,冲刷量为 0.220 亿 m³。2013 年 10 月至 2014 年 4 月,由于泥沙沉降密实等,库区大部分河段,尤其是库区中下段,淤积量计算时显示为冲刷。

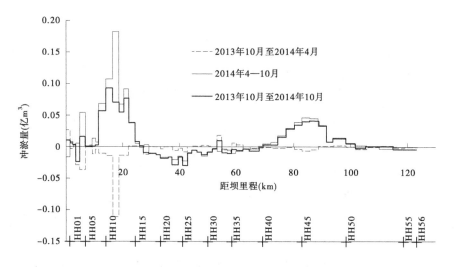

图 4-2   小浪底水库库区断面间冲淤量分布(含支流)

小浪底水库库区汇入支流较多,平面形态狭长弯曲,总体上是上窄下宽。距坝 68 km 以上为峡谷段,河谷宽度多在 500 m 以下;距坝 65 km 以下宽窄相间,河谷宽度多在 1 000 m 以上,最宽处约 2 800 m。一般按此形态将水库划分为大坝—HH20 断面、HH20—HH38 断面和 HH38—HH56 断面三个区段研究淤积状况。表 4-2 给出了 2013 年 10 月至 2014 年 10 月上述三段冲淤状况,淤积主要集中在 HH38(距坝 64.83 km)断面以下库段。

表 4-2   不同库段淤积量   (单位:亿 m³)

时段	河段	大坝—HH20 (0~33.48 km)	HH20—HH38 (33.48~64.83 km)	HH38—HH56 (64.83~123.41 km)	合计
2013 年 10 月至 2014 年 4 月	干流	-0.072	-0.012	-0.029	-0.113
	支流	-0.156	0.009	0	-0.147
2014 年 4— 10 月	干流	0.438	-0.171	0.241	0.508
	支流	0.174	-0.022	0	0.152
2013 年 10 月至 2014 年 10 月	干流	0.366	-0.183	0.212	0.395
	支流	0.018	-0.013	0	0.005

注:表中"-"表示发生冲刷。

(5)2014 年支流淤积量为 0.005 亿 m³,其中 2013 年 10 月至 2014 年 4 月与干流同时期表现基本一致,由于淤积物的密实作用而表现为淤积面高程的降低;2014 年 4—10 月淤积量为 0.152 亿 m³。支流泥沙主要淤积在库容较大的支流,如畛水、石井河、沇西河以及近坝段的煤窑沟等(见图4-3)。表4-3 为 2014 年 4—10 月淤积量大于 0.01 亿 m³ 的支流。支流淤积主要为干流来沙倒灌所致,淤积集中在沟口附近,沟口向上沿程减少。

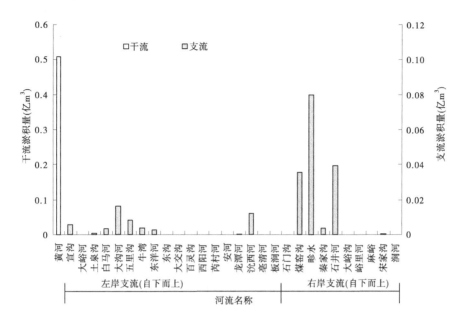

图 4-3 小浪底水库库区 2014 年 4—10 月干、支流淤积量分布

表 4-3 小浪底水库库区典型支流淤积量 （单位:亿 m³）

支流		位置	2013 年 10 月至 2014 年 4 月	2014 年 4—10 月	2013 年 10 月至 2014 年 10 月
左岸	大沟河	HH10—HH11	-0.002	0.016	0.014
	沇西河	HH32—HH33	0.009	0.012	0.021
右岸	煤窑沟	HH04—HH05	-0.026	0.035	0.009
	畛水	HH11—HH12	-0.102	0.080	-0.022
	石井河	HH13—HH14	-0.004	0.039	0.035

(6)从 1999 年 9 月开始蓄水运用至 2014 年 10 月,小浪底水库库区断面法计算的淤积量为 30.726 亿 m³,其中干流淤积量为 24.694 亿 m³,支流淤积量为 6.032 亿 m³,分别占总淤积量的 80.4% 和 19.6%。1999 年 9 月至 2014 年 10 月小浪底水库库区不同高程下的累计冲淤量分布见图4-4。

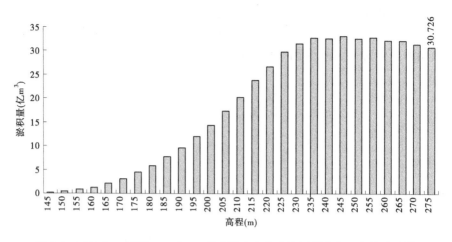

图 4-4　1999 年 9 月至 2014 年 10 月小浪底水库库区不同高程下累计冲淤量

二、库区淤积形态

(一)干流淤积形态

1. 纵向淤积形态

2013 年 11 月至 2014 年 6 月中旬,三门峡水库下泄清水,小浪底水库无泥沙出库,干流纵向淤积形态在此期间变化不大。

2014 年 7—10 月,小浪底水库库区干流仍保持三角洲淤积形态(见表 4-4、图 4-5),三角洲各库段比降 2014 年 10 月较 2013 年 10 月均有所调整。与上年度末相比,洲面有所变缓,比降由 2.31‰降为 2.25‰,三角洲洲面段除 HH19—HH41 库段发生冲刷,其余大部分库段发生淤积;由于汛期泥沙大量淤积在三角洲洲面段 HH09(距坝 11.42 km)—HH16(距坝 26.01 km)库段,该库段干流淤积量为 0.408 亿 m³,最大淤积厚度为 4.85 m(HH11),三角洲顶点由距坝 11.42 km 的 HH09 上移至距坝 16.39 km 的 HH11 断面,三角洲顶点高程为 222.71 m。三角洲尾部段变化不大。

表 4-4　干流纵剖面三角洲淤积形态要素统计

时间 (年-月)	顶点		坝前淤积段	前坡段		洲面段		尾部段	
	距坝 里程 (km)	深泓 点高程 (m)	距坝 里程 (km)	距坝 里程 (km)	比降 (‰)	距坝 里程 (km)	比降 (‰)	距坝 里程 (km)	比降 (‰)
2013-10	11.42	215.06	0~ 3.34	3.34~ 11.42	30.11	11.42~ 105.85	2.31	105.85~ 123.41	11.93
2014-10	16.39	222.71	0~ 2.37	2.37~ 16.39	24.15	16.39~ 105.85	2.25	105.85~ 123.41	11.93

2. 横断面淤积形态

随着库区泥沙的淤积,横断面总体表现为同步抬升趋势。图 4-6 为 2013 年 10 月至

图 4-5 小浪底水库库区干流纵剖面套绘 (深泓点)

2014 年 10 月典型横断面套绘,可以看出不同的库段冲淤形态及过程有较大的差异。

2013 年 10 月至 2014 年 4 月,受水库蓄水以及泥沙密实固结的影响,库区淤积面表现为下降,但全库区地形总体变化不大。

受汛期水沙条件及水库调度等的影响,与 2014 年 4 月地形相比,2014 年 10 月地形变化较大。其中,近坝段地形受水库泄流及调度的影响,横断面呈现不规则形状,存在明显的滑塌现象,如 HH03—HH08 以下库段;断面 HH09—HH18 库段以淤积为主,其中 HH09—HH16 库段淤积最为严重,全断面较大幅度地淤积抬高,如距坝 16.39 km 处的 HH11 断面主槽抬升 4.85 m 以上;HH19—HH42 库段以冲刷为主,其中 HH19—HH23 库段以及 HH28 以上库段出现明显滩槽,HH42—HH50 库段以淤积为主,HH52 断面以上库段,地形变化较小。

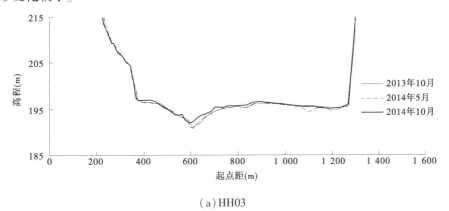

(a) HH03

图 4-6 小浪底水库库区典型横断面套绘

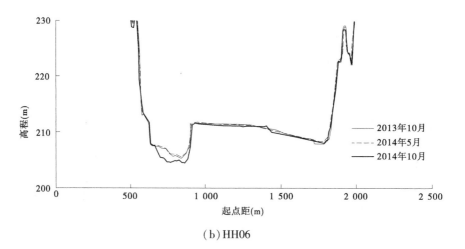

（b）HH06

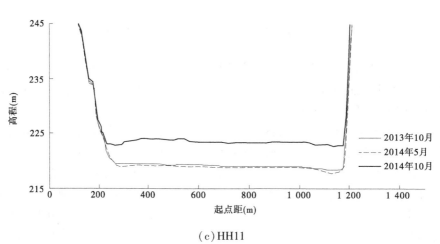

（c）HH11

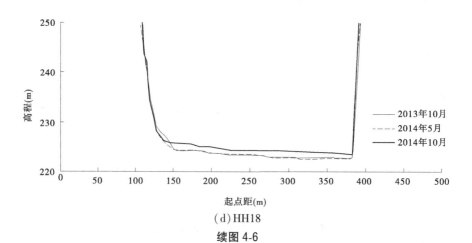

（d）HH18

续图 4-6

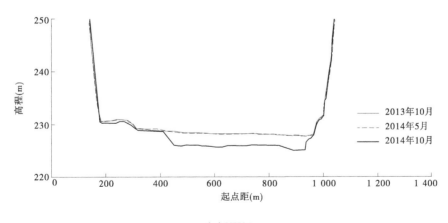

（e）HH21

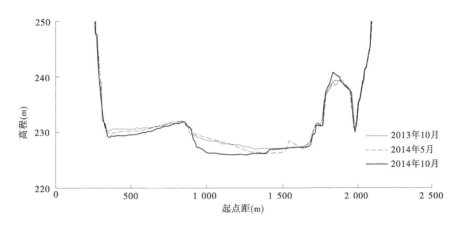

（f）HH23

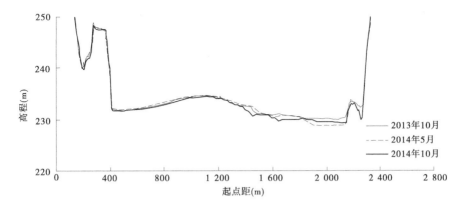

（g）HH33（1）

续图 4-6

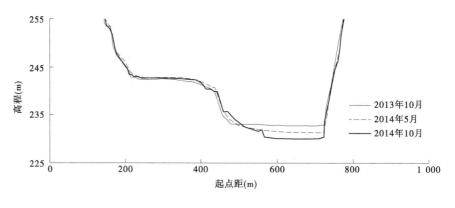

（h）HH38

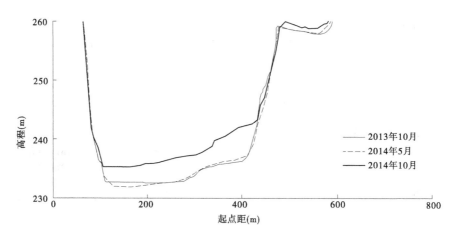

（i）HH44

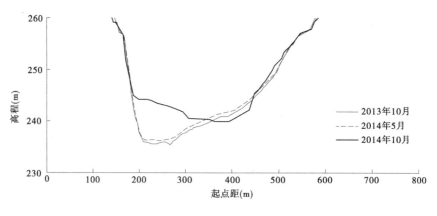

（j）HH48

续图4-6

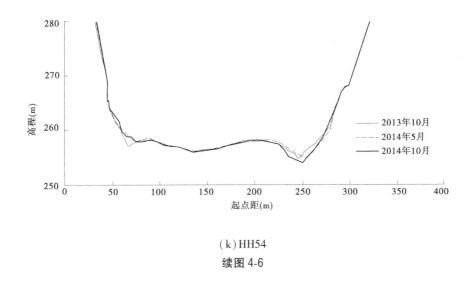

（k）HH54

续图 4-6

（二）支流淤积形态

支流倒灌淤积过程与河道地形条件（支流口门的宽度）、干支流交汇处干流的淤积形态（有无滩槽或滩槽高差，河槽远离或贴近支流口门）、来水来沙过程（流量、含沙量大小及历时）等密切相关。随干流滩面的抬高，支流沟口淤积面同步上升，支流淤积形态取决于沟口处干流的淤积面高程。干流浑水倒灌支流，并沿程落淤，表现出支流沟口淤积较厚，沟口以上淤积厚度沿程减少。

图 4-7、图 4-8 为部分支流纵、横断面的套绘。非汛期，由于淤积物的密实而表现为淤积面有所下降；汛期，随着库区泥沙淤积增多，三角洲顶点不断下移，位于干流三角洲洲面的支流明流倒灌机会增加。2014 年汛期，小浪底水库入库沙量相对较少，仅 1.390 亿 t，相应地支流淤积也较少，而且支流泥沙淤积集中在沟口附近，支流内部抬升较慢，支流纵剖面呈现一定的倒坡，出现明显拦门沙坎或拦门沙坎进一步加剧。如 2014 年 10 月，畛水沟口对应干流滩面平均高程为 223.14 m，而畛水 4 断面平均高程仅 213.94 m，高差达到 9.2 m。随着干流河底高程的不断抬升，支流入黄处河底逐年抬升，截至 2014 年 10 月，位于大坝上游 4.2 km 处左岸入黄的支流大峪河口累计抬升 44.64 m（1 断面深泓点），位于大坝上游 17.2 km 处右岸入黄的支流畛水河口累计抬升 69.10 m（1 断面深泓点），已经形成 6.1 m 的河口拦门沙（1 断面与 2 断面深泓点高差）。

横断面表现为平行抬升，各断面抬升比较均匀。

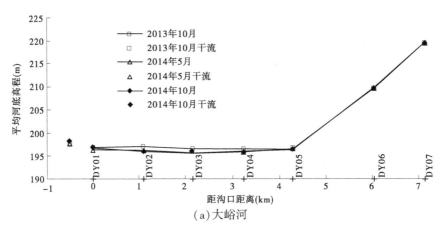

(a)大峪河

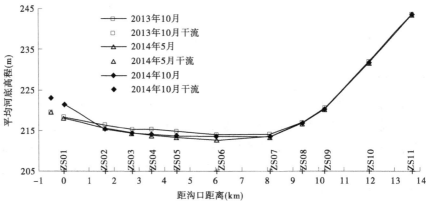

(b)畛水

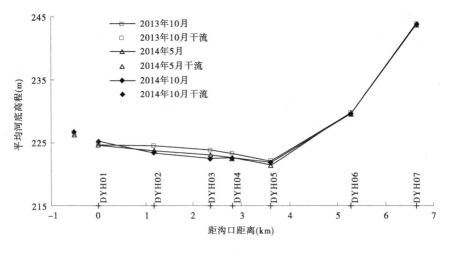

(c)东洋河

图 4-7　典型支流纵断面

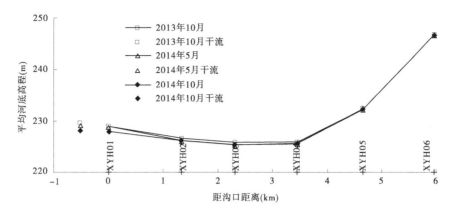

（d）西阳河

续图 4-7

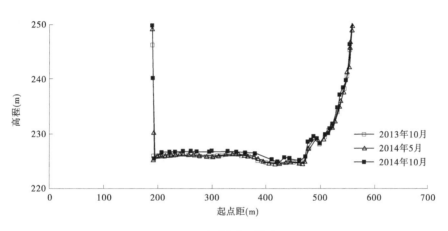

（a）东洋河 1 断面

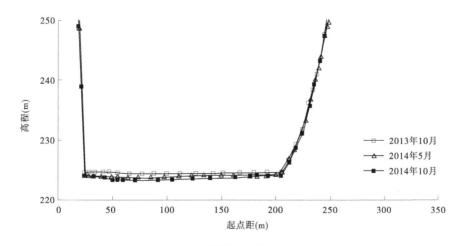

（b）东洋河 2 断面

图 4-8　典型支流横断面

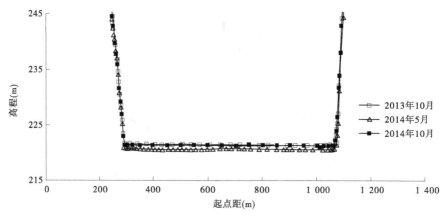

（c）石井河 2 断面

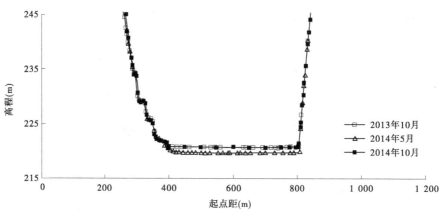

（d）石井河 3 断面

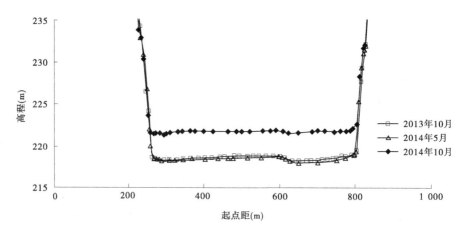

（e）畛水 1 断面

续图 4-8

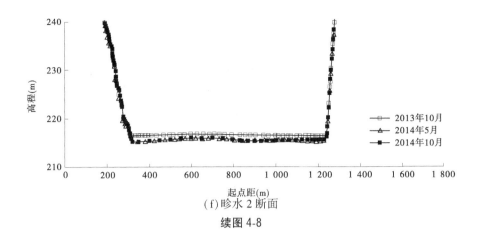

(f)畛水 2 断面

续图 4-8

三、库容变化

至 2014 年 10 月,水库 275 m 高程下总库容为 96.734 亿 m³,其中干流库容为 50.086 亿 m³,支流库容为 46.648 亿 m³(见表 4-5 及图 4-9)。起调水位 210 m 高程以下库容为 1.595 亿 m³;汛限水位 230 m 以下库容为 10.879 亿 m³。

表 4-5　2014 年 10 月小浪底水库库容　　　　　　　　　(单位:亿 m³)

高程(m)	干流	支流	总库容	高程(m)	干流	支流	总库容
190	0.016	0.001	0.017	235	8.450	8.144	16.594
195	0.091	0.024	0.115	240	12.359	11.225	23.584
200	0.243	0.171	0.414	245	16.743	14.789	31.532
205	0.494	0.419	0.913	250	21.491	18.837	40.328
210	0.858	0.737	1.595	255	26.545	23.359	49.904
215	1.356	1.203	2.559	260	31.937	28.370	60.307
220	2.089	2.182	4.271	265	37.681	33.907	71.588
225	3.239	3.594	6.833	270	43.750	39.983	83.733
230	5.353	5.526	10.879	275	50.086	46.648	96.734

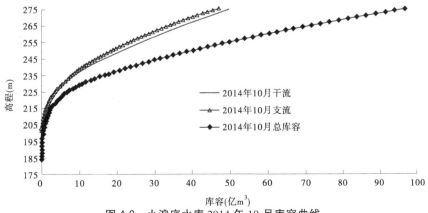

图 4-9　小浪底水库 2014 年 10 月库容曲线

第五章 黄河下游河道冲淤特点

2014年小浪底水库年出库水量218.46亿 m^3，水库排沙0.269亿t，且全部集中于汛期；支流伊洛河黑石关水文站和沁河武陟水文站年水量分别为10.42亿 m^3 和3.40亿 m^3。全年进入下游(小浪底、黑石关、武陟之和，下同)水、沙量分别为232.28亿 m^3 和0.269亿t。东平湖全年未向黄河排水。

一、洪水特点及冲淤情况

(一)洪水特点

2014年花园口断面出现2场洪水，其中流量超过3 000 m^3/s 洪水仅1场，即调水调沙洪水。

该场洪水自2014年6月29日8时至7月9日0时，历时9.6 d，小浪底水库出库最大流量3 850 m^3/s，最大含沙量69.4 kg/m^3，花园口洪峰流量3 990 m^3/s。随着沿程引水和洪水波的坦化，洪峰流量沿程减小，到达高村时减为3 490 m^3/s，到达利津时只有3 150 m^3/s。最大含沙量在小花间减小明显，由小浪底水库的69.4 kg/m^3 减小到花园口的22.2 kg/m^3，到达泺口时为25.3 kg/m^3，表明含沙量从花园口到泺口河段还有所增大，到达利津时，又减小到19.6 kg/m^3(见表5-1)。

表5-1 调水调沙洪水特征值

水文站	最大流量 (m^3/s)	相应时间 (年-月-日T时:分)	相应水位 (m)	最大含沙量 (kg/m^3)	相应时间 (年-月-日T时:分)
小浪底	3 850	2014-07-01T12:48	136.78	69.4	2014-07-06T05:00
花园口	3 990	2014-07-02T22:00	91.97	22.2	2014-07-07T17:36
夹河滩	3 760	2014-07-03T16:42	75.19	25.3	2014-07-08T20:00
高村	3 490	2014-07-04T20:00	61.41	22.5	2014-07-10T14:00
孙口	3 360	2014-07-05T07:00	47.52	21.8	2014-07-11T02:00
艾山	3 300	2014-07-05T19:06	40.41	24.1	2014-07-11T02:00
泺口	3 200	2014-07-06T04:30	29.7	25.3	2014-07-11T14:00
利津	3 150	2014-07-07T04:00	12.75	19.6	2014-07-12T20:00

(二)洪水冲淤

2014年6月29日8时至7月9日0时，相应进入下游总水量23.39亿 m^3，总沙量0.259亿t，入海总水量20.91亿 m^3，入海总沙量0.199亿t。但在计算调水调沙洪水的冲淤量时，考虑到洪水传播及沙峰滞后现象，为客观反映洪水期间各河段的冲淤，将洪水结束的时间延长至 7 月 15 日(小浪底时间),同时将洪水划分为清水段和浑水段,其中清水段小浪底时间为 6 月 29 日至 7 月 4 日,历时 6 d(见图 5-1);浑水段为 7 月 5—15 日,历时 11 d。清水段黄河下游各河段均显示为冲刷,西霞院—利津河段共冲刷 0.127 亿 t(见表 5-2),其中花园口—艾山河段冲刷量较大;浑水段西霞院水库淤积 0.114 亿 t,西霞院—花园口河段淤积 0.020 亿 t,花园口—夹河滩河段和高村—孙口河段接近冲淤平衡,夹河滩—高村河段和孙口—艾山河段冲刷,泺口—利津河段淤积,西霞院—利津河段总体冲淤平衡(见表 5-3)。整个调水调沙期,除了泺口—利津接近冲淤平衡外,其他河段均显示为冲刷,共冲刷 0.127 亿 t(见表 5-4)。

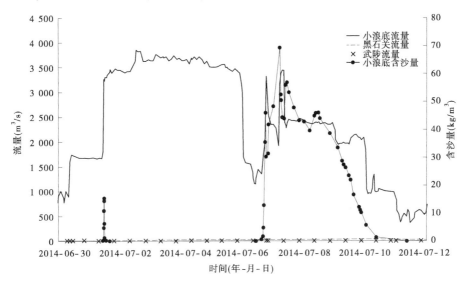

(a)小浪底、黑石关和武陟

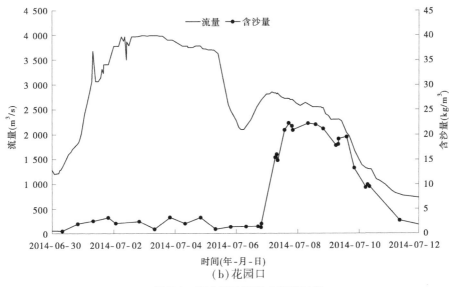

(b)花园口

图 5-1　调水调沙期洪水传播过程

表 5-2 调水调沙洪水清水段水沙量及河段冲淤量

水文站	开始时间 (年-月-日)	历时 (d)	水量 (亿 m³)	沙量 (亿 t)	水库或 河段	河段引沙量 (亿 t)	河段冲淤量 (亿 t)
小浪底	2014-06-29	6	15.94	0.001	西霞院水库	0	0.001
西霞院	2014-06-29	6	16.38	0			
黑石关	2014-06-29	6	0.12	0			
武陟	2014-06-29	6	0.01	0			
进入下游			16.51	0	西霞院—花园口	0	-0.044
花园口	2014-06-30	6	16.89	0.044	花园口—夹河滩	0.006	-0.013
夹河滩	2014-06-30	6	14.81	0.051	夹河滩—高村	0.003	-0.018
高村	2014-07-01	6	13.99	0.066	高村—孙口	0	-0.016
孙口	2014-07-02	6	14.00	0.082	孙口—艾山	0	-0.018
艾山	2014-07-03	6	14.10	0.100	艾山—泺口	0.004	-0.005
泺口	2014-07-03	6	13.50	0.101	泺口—利津	0	-0.013
利津	2014-07-04	6	13.90	0.114	西霞院—利津	0.013	-0.127
东平湖入黄	2014-07-03	6	0	0			

注:西霞院—利津不包括西霞院水库。

表 5-3 调水调沙洪水浑水段水沙量及河段冲淤量

水文站	开始时间 (年-月-日)	历时 (d)	水量 (亿 m³)	沙量 (亿 t)	水库或 河段	河段引沙量 (亿 t)	河段冲淤量 (亿 t)
小浪底	2014-07-05	11	11.27	0.268	西霞院水库	0	0.114
西霞院	2014-07-05	11	12.16	0.154			
黑石关	2014-07-05	11	0.25	0			
武陟	2014-07-05	11	0.01	0			
进入下游		11	12.42	0.154	西霞院—花园口	0	0.020
花园口	2014-07-06	11	12.58	0.134	花园口—夹河滩	0	0.003
夹河滩	2014-07-06	11	13.53	0.131	夹河滩—高村	0.014	-0.013
高村	2014-07-07	11	12.06	0.130	高村—孙口	0.013	0.002
孙口	2014-07-08	11	10.73	0.115	孙口—艾山	0.017	-0.025
艾山	2014-07-09	11	9.17	0.123	艾山—泺口	0	-0.006
泺口	2014-07-09	11	9.84	0.129	泺口—利津	0.012	0.019
利津	2014-07-10	11	8.76	0.098	西霞院—利津	0.056	0
东平湖入黄	2014-07-10	11	0	0			

注:西霞院—利津不包括西霞院水库。

表 5-4　2014 年调水调沙洪水水沙量及河段冲淤量

水文站	开始时间 （年-月-日）	历时 （d）	水量 （亿 m³）	沙量 （亿 t）	水库或 河段	河段引沙量 （亿 t）	河段冲淤量 （亿 t）
小浪底	2014-06-29	17	27.21	0.269	西霞院水库	0	0.115
西霞院	2014-06-29	17	28.54	0.154			
黑石关	2014-06-29	17	0.37	0			
武陟	2014-06-29	17	0.02	0			
进入下游			28.93	0.154	西霞院—花园口	0	-0.024
花园口	2014-06-30	17	29.47	0.178	花园口—夹河滩	0.006	-0.010
夹河滩	2014-06-30	17	28.34	0.182	夹河滩—高村	0.017	-0.031
高村	2014-07-01	17	26.05	0.196	高村—孙口	0.013	-0.014
孙口	2014-07-02	17	24.73	0.197	孙口—艾山	0.017	-0.043
艾山	2014-07-03	17	23.27	0.223	艾山—泺口	0.004	-0.011
泺口	2014-07-03	17	23.34	0.230	泺口—利津	0.012	0.006
利津	2014-07-04	17	22.66	0.212	西霞院—利津	0.069	-0.127
东平湖入黄	2014-07-03	17	0	0			

二、下游河道冲淤变化

（一）断面法计算的冲淤量

根据黄河下游河道 2013 年 10 月、2014 年 4 月和 2014 年 10 月三次统测大断面资料，利用断面法计算分析了 2014 年非汛期和汛期各河段的冲淤量（见表 5-5）。

表 5-5　2014 运用年下游河道断面法冲淤量计算成果　　　　（单位：亿 m³）

河段	非汛期 2013 年 10 月至 2014 年 4 月	汛期 2014 年 4—10 月	运用年 2013 年 10 月至 2014 年 10 月	占全下 游比例 （%）
西霞院—花园口	-0.353	0.132	-0.221	24
花园口—夹河滩	-0.195	-0.175	-0.370	40
夹河滩—高村	-0.137	-0.001	-0.138	15
高村—孙口	-0.011	-0.114	-0.125	13
孙口—艾山	0.017	-0.01	0.007	-1
艾山—泺口	0.022	-0.008	0.014	-2

河段	非汛期	汛期	运用年	占全下游比例（%）
	2013 年 10 月至 2014 年 4 月	2014 年 4—10 月	2013 年 10 月至 2014 年 10 月	
泺口—利津	-0.016	-0.060	-0.076	8
利津—汊 3	0.010	-0.032	-0.022	2
西霞院—高村	-0.685	-0.044	-0.729	78
高村—艾山	0.006	-0.124	-0.118	13
艾山—利津	0.006	-0.068	-0.062	7
西霞院—利津	-0.673	-0.236	-0.909	98
西霞院—汊 3	-0.663	-0.268	-0.931	100
占运用年比例(%)	71	29	100	

可以看出,全年汊 3 以上河段共冲刷 0.931 亿 m^3(主槽,下同),其中非汛期和汛期分别冲刷 0.663 亿 m^3 和 0.268 亿 m^3,71%的冲刷量集中在非汛期。从冲淤沿程分布看,非汛期具有"上冲下淤"的特点,高村以上河道冲刷,高村—孙口河段接近冲淤平衡,孙口以下河段总体淤积;汛期西霞院—花园口河段河道淤积,花园口—利津各河段均为冲刷。就整个运用年来看,孙口—泺口河段微淤,冲刷主要发生在孙口以上河段。

从图 5-2 给出的 2014 年 4—10 月利用断面法计算的沿程累计冲淤量可以看出,花园口以上河段的淤积量集中在伊洛河口—花园口长 58.5 km 的河段。之所以会淤积在此河段,与这个河段目前的河势有很大关系,伊洛河口—花园口河段宽浅散乱,在 32 个统测断面中,有 15 个是两股河(见表 5-6),和伊洛河口以上的单一断面相比,这些断面显得十分宽浅,在水库排沙期间比较容易发生淤积。

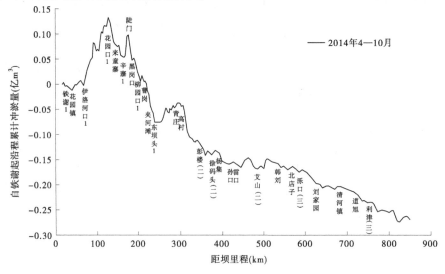

图 5-2　2014 年 4—10 月断面法沿程累计冲淤量

表 5-6 伊洛河口—花园口 2014 年汛后断面

序号	断面	河股数	冲淤面积 (m²)	序号	断面	河股数	冲淤面积 (m²)
1	伊洛河口 1	2	27	17	方陵		393
2	东小关	2	1 269	18	寨子峪	2	−645
3	沙鱼沟		215	19	吴小营		570
4	朱家庄		−31	20	磨盘顶	2	376
5	十里铺东		775	21	张沟	2	1 505
6	口子	2	−86	22	秦厂 2		779
7	小马村		656	23	桃花峪		−92
8	孤柏嘴 2		−36	24	邙山	2	29
9	寨上	2	136	25	老田庵	2	780
10	西岩	2	−85	26	何营		−284
11	驾部		550	27	张菜园		144
12	罗村坡 1		1 731	28	西牛庄	2	−13
13	槽沟		312	29	东风渠	2	−20
14	枣树沟	2	−383	30	岗李	2	85
15	官庄峪		−339	31	李庄		1 360
16	解村	2	−225	32	花园口 1		−158

(二)沙量平衡法计算的冲淤量

采用逐日平均输沙率资料利用沙量平衡法计算各河段的冲淤量。

为了与断面法计算冲淤量的统计时段一致,改变以往将 7—10 月作为汛期的统计方法,以和断面法测验日期一致的时段(4 月 16 日至 10 月 15 日)进行统计,同时考虑了洪水演进的时间,考虑了河段引沙量。计算结果表明,非汛期(2013 年 10 月 14 日至 2014 年 4 月 15 日)西霞院—利津河段共冲刷 0.162 亿 t,汛期(2014 年 4 月 16 日至 10 月 15 日)西霞院—利津河段共冲刷 0.233 亿 t。整个运用年西霞院—利津以上共冲刷 0.395 亿 t,见表 5-7。调水调沙期间下游冲刷 0.127 亿 t,分别占汛期冲刷量的 55% 和运用年冲刷量的 32%。

表 5-7　利用沙量平衡法计算的冲淤量　　　　　　　　　（单位：亿 t）

河段	非汛期	汛期	运用年
西霞院水库	0	0.115	0.115
西霞院—花园口	-0.097	-0.078	-0.175
花园口—夹河滩	-0.038	-0.048	-0.086
夹河滩—高村	-0.089	-0.081	-0.170
高村—孙口	0.004	-0.002	0.002
孙口—艾山	-0.026	-0.083	-0.109
艾山—泺口	0.044	0.029	0.073
泺口—利津	0.040	0.030	0.070
西霞院—利津	-0.162	-0.233	-0.395

（三）西霞院—花园口河段冲淤量的合理性分析

按照沙量平衡法,2014 年小浪底水库排沙期间(2014 年 7 月 5—15 日),小浪底水文站的沙量为 0.268 亿 t,西霞院水文站为 0.154 亿 t,西霞院水库淤积 0.114 亿 t,折合为 0.1 亿 m^3;花园口水文站的沙量为 0.134 亿 t,西霞院—花园口河段淤积 0.02 亿 t。根据断面法计算,西霞院—花园口淤积 0.132 亿 m^3。西霞院—花园口河段的淤积量断面法和沙量平衡法差别很大。

分析认为,断面法计算的 2014 年汛期西霞院—花园口河段淤积 0.132 亿 m^3 是相对合理的。

首先,小浪底水库排沙期间,西霞院水库发生大量淤积的可能性不大,原因有两个:一是小浪底水文站的最大含沙量(洪水要素表)只有 69.4 kg/m^3,时段平均含沙量只有 23.8 kg/m^3,含沙量较低;二是小浪底水库排沙期间,西霞院水库坝前水位先后降低到 129.67~127.19 m(见图 5-3),对应库容为 0.331 亿 m^3 和 0.105 亿 m^3(见图 5-4),西霞院水库发生 30%~100%库容被淤的可能性不大。也就是说,西霞院水文站沙量 0.154 亿 t 偏小,是不合理的。

其次,2014 年 4—10 月两次大断面统测结果显示,西霞院—花园口河段的淤积量,主要集中在伊洛河口—花园口约 60 km 长的河段。图 5-2 给出的沿程累计过程线显示,伊洛河口—花园口的绝大多数断面是淤积的,而不是个别断面。

从 2013 年河势和断面套绘看,伊洛河口—花园口河段宽浅散乱,发生两股河甚至三股河。有 50%的断面为两股河甚至三股河,这种特点的河道对水流的阻力大,水流流速小。小浪底水库排沙期间,沟沟汊汊发生淤积。小浪底水库排沙期过后,流量变小,水流可能走一股河,无法冲刷排沙期发生在其他汊沟的淤积,从而表现为 4—10 月期间该河段为净淤积。

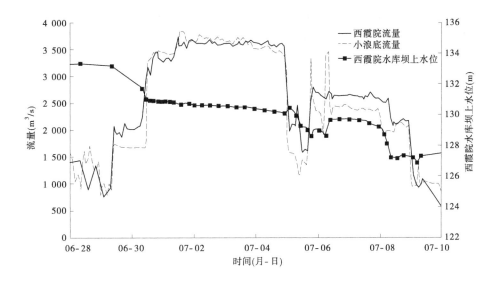

图 5-3　2014 年调水调沙洪水过程线

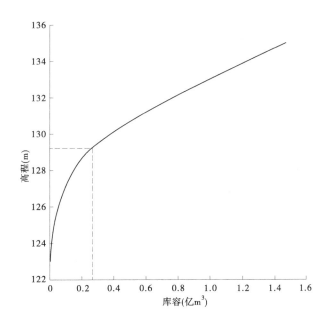

图 5-4　2014 年汛后西霞院水库库容曲线

(四) 自 1999 年汛后下游各河段冲淤变化

自 1999 年 10 月小浪底水库投入运用以来,全下游主槽共冲刷 19.329 亿 m³,其中利津以上冲刷 18.629 亿 m³,冲刷主要集中在夹河滩以上河段,夹河滩以上河段长度占全下游的 26%,冲刷量为 11.321 亿 m³,占全下游的 59%;夹河滩以下河段长度占全下游的 74%,冲刷量为 8.008 亿 m³,只占全下游的 41%,冲刷上多下少,沿程分布很不均匀。从

1999 年汛后至 2014 年汛后黄河下游各河段主槽冲刷面积看,夹河滩以上河段超过了 4 000 m²,而艾山以下尚不到 1 000 m²,表明各河段的冲淤强度上大下小,差别很大(见图 5-5)。

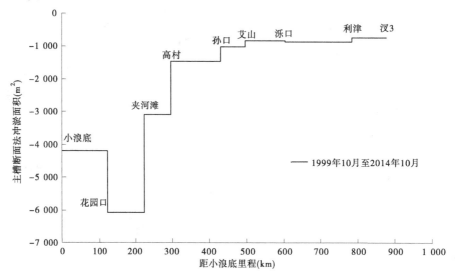

图 5-5　1999 年汛后至 2014 年汛后黄河下游主槽冲淤面积

三、河道排洪能力变化

(一)水文站断面水位变化

2014 年调水调沙洪水和上年同期(2013 年汛前调水调沙)洪水相比,除了花园口水文站 3 000 m³/s 流量相应水位抬升 0.21 m 外,其他水文站的水位均是下降的,同流量水位降幅明显的有夹河滩(下降 0.22 m)、孙口(下降 0.18 m)、艾山(下降 0.25 m)和利津(下降 0.24 m),高村和泺口的同流量水位降幅相对较小,只有不到 0.10 m(见图 5-6)。

花园口断面同流量水位不降反升,与该断面所在河段近期不利的河势变化和断面形态变化有关。2011 年汛前,该河段主流单一,靠右岸行河;2011 年汛期开始,河势变得散乱,附近的破车庄断面左岸塌滩,主流开始向左岸摆动,在 2013 年形成了两股河,到 2014 年汛后形成了三股河,主流走中间(见图 5-7 和图 5-8)。河势的不利变化,使得流路延长,减小了水面比降,同时塌滩使断面变得宽浅,两方面的作用使水流阻力增大,断面的平均流速不断降低(见图 5-9),引起水位抬升。而从河底平均高程看(见图 5-10),2011 年汛后开始明显降低,说明河床被冲刷,2013 年 10 月以后变化较小。

2014 年调水调沙洪水和 1999 年洪水相比,各水文站同流量(3 000 m³/s)的水位均显著下降,其中花园口、夹河滩和高村的降低幅度最大,超过了 2 m,其次为孙口、艾山和泺口,降低幅度在 1.70~1.75 m,利津降幅最小,为 1.47 m(见图 5-11)。

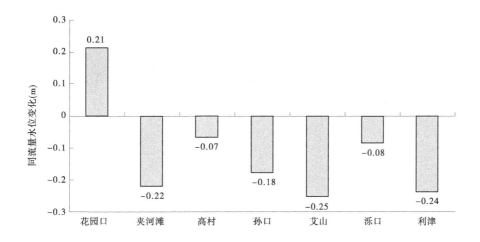

图 5-6　2014 年调水调沙洪水和上年同期洪水相比水位变化

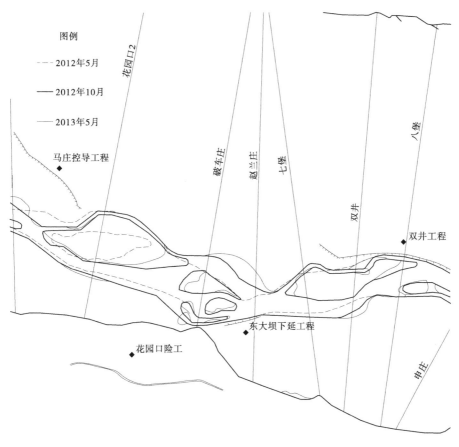

图 5-7　花园口附近近期河势变化

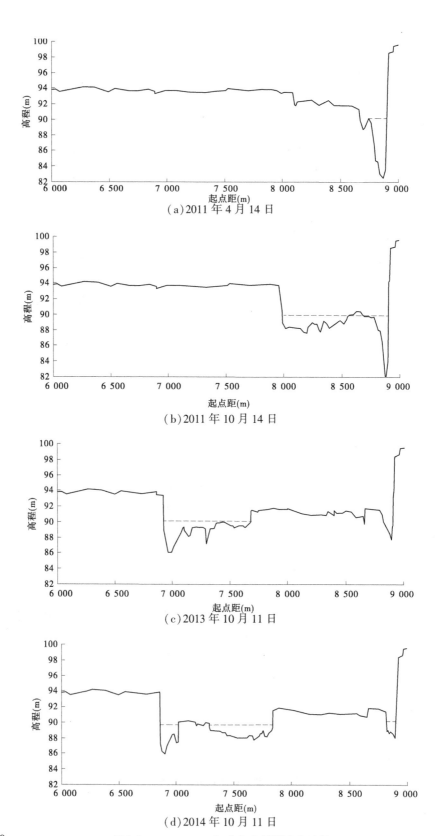

（a）2011 年 4 月 14 日

（b）2011 年 10 月 14 日

（c）2013 年 10 月 11 日

（d）2014 年 10 月 11 日

图 5-8　2011—2014 年破车庄断面演变过程

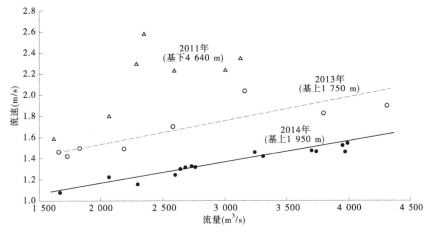

图 5-9　2011—2014 年花园口水文站流速与流量的关系变化

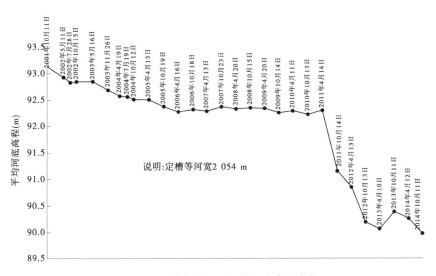

图 5-10　破车庄断面平均河底高程变化

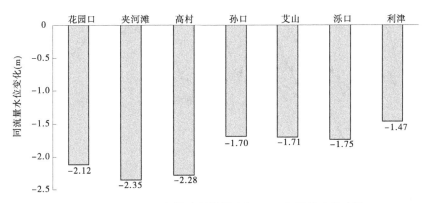

图 5-11　2014 年调水调沙洪水和 1999 年相比水位变化

点绘黄河下游花园口—利津 7 座水文站的同流量(3 000 m³/s)水位(见图 5-12)可以看到,2014 年调水调沙涨水期,花园口的水位已经降低到 1965—1966 年的水平,夹河滩的已经降低到 1969—1970 年的水平,高村的降低到 1971—1972 年的水平,孙口已降低至 1987 年的水平,艾山已经降低到 1986—1987 年的水平,泺口降低到 1986 年的水平,利津降至 1985 年的水平。随着小浪底水库拦沙期下泄清水和历次调水调沙洪水的冲刷,黄河下游河道的排洪能力得到了显著提高,其中高村以上河段要明显好于孙口及其以下河段。

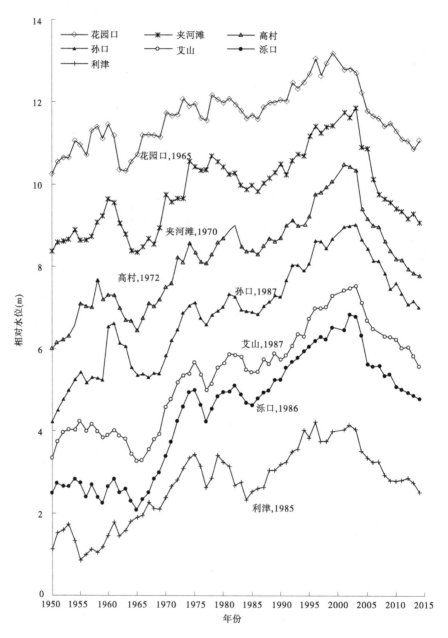

图 5-12 黄河下游水文站 3 000 m³/s 流量相应水位变化过程

(二)平滩流量变化

利用水位—流量关系线,对照当年当地平均滩唇高程和各水文站的设防流量,确定出各水文站的警戒水位和设防水位。各水文站的平滩流量分别为 7 200 m³/s(花园口)、6 800 m³/s(夹河滩)、6 100 m³/s(高村)、4 350 m³/s(孙口)、4 250 m³/s(艾山)、4 600 m³/s(泺口)和 4 650 m³/s(利津)。2015 年汛初和上年同期相比,夹河滩增大了 300 m³/s。相对而言,孙口站和艾山站的警戒水位相应流量最小(见表 5-8)。

表 5-8　黄河下游主要控制站 2015 年设防、警戒水位及相应流量

参数	花园口	夹河滩	高村	孙口	艾山	泺口	利津
滩唇高程(m)	93.85	77.05	63.2	48.65	41.65	31.4	14.24
平滩流量(m³/s)	7 200	6 800	6 100	4 350	4 250	4 600	4 650
增加(m³/s)	0	300	0	0	0	0	0

采用多种方法分析了黄河下游河道各断面 2015 年汛初主槽平滩流量,分析的资料、依据和方法包括:①《2014 年黄河调水调沙技术总结报告》;②各河段上年的实际平滩流量;③2014 年汛后大断面的测时水位;④各大断面的滩唇高程;⑤2014 年沿程最高水位;⑥2014 年汛期河段的冲刷幅度;⑦上下水文站 2014 年流量—流速关系及其变化;⑧曼宁公式法的计算结果;⑨野外查勘调研情况。

经综合分析,黄河下游各河段平滩流量为:花园口以上河段一般大于 6 500 m³/s;花园口—高村为 6 000 m³/s 左右;高村—艾山以及艾山以下均在 4 200 m³/s 及以上。在不考虑生产堤的挡水作用时,孙口上下的彭楼(二)—陶城铺河段为全下游主槽平滩流量最小的河段,平滩流量较小的河段为于庄(二)断面附近、徐沙洼—伟那里河段、路那里断面附近,最小平滩流量为 4 200 m³/s(见图 5-13)。

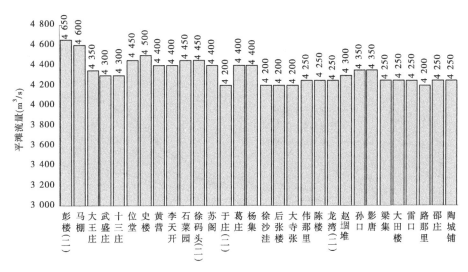

图 5-13　2015 年汛初彭楼(二)—陶城铺河段平滩流量沿程变化

第六章　近两年宁蒙河道冲淤特点

2012 年宁蒙河段经过漫滩洪水以后,近两年河道发生了变化,特别是内蒙古河段发生局部淤积。

一、河道冲淤变化

根据沙量平衡法计算,2013 年宁蒙河段共淤积 216 万 t,其中宁夏河段冲刷 770 万 t,内蒙古河段淤积 986 万 t;2014 年宁蒙河段淤积 388 万 t,其中宁夏河段冲刷 775 万 t(见表 6-1),内蒙古河段淤积 1 163 万 t。2013—2014 年石嘴山—巴彦高勒河段淤积量大的原因可能与区间黄河海勃湾水利枢纽工程有关。海勃湾水利枢纽位于黄河干流内蒙古自治区乌海市境内,工程左岸为乌兰布和沙漠,右岸为内蒙古新兴工业城市乌海市,下游 87 km 为已建的内蒙古三盛公水利枢纽。2010 年 11 月 26 日海勃湾水利枢纽导流明渠工程竣工,2014 年 2 月 12 日工程开始分凌下闸蓄水。

表 6-1　2013—2014 年宁蒙河段冲淤量　　　　　　　　　　　(单位:万 t)

年份	下河沿—青铜峡	青铜峡—石嘴山	石嘴山—巴彦高勒	巴彦高勒—三湖河口	三湖河口—头道拐	下河沿—头道拐	下河沿—石嘴山	石嘴山—头道拐
2013	535	-1 305	3 972	-3 082	96	216	-770	986
2014	135	-910	2 782	-1 493	-127	388	-775	1 163
合计	670	-2 215	6 754	-4 575	-31	604	-1 545	2 149

注:2014 年没有引沙,没有支流来沙,没有排水沟排沙。

点绘宁蒙河段累计冲淤过程可以看出(见图 6-1),宁蒙河段的下河沿—头道拐河段 1990 年以后淤积增加,2005 年以后淤积有所减缓;巴彦高勒—三湖河口河段 1990 年以后持续淤积,2005 年以后淤积缓慢,2009 年以后持续冲刷;防洪防凌最为关键的三湖河口—头道拐河段长期以来一直维持淤积态势。

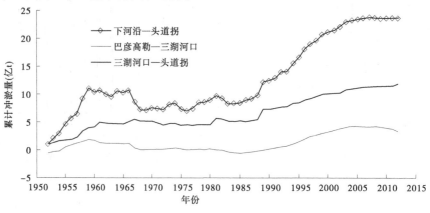

图 6-1　宁蒙河段累计冲淤过程

二、水位变化

2012 年洪水过后,内蒙古河段持续两年淤积,与 2012 年汛后同流量(1 000 m³/s)水位变化相比,2014 年汛后同流量(1 000 m³/s)水位石嘴山站和头道拐站分别下降 0.15 m 和 0.08 m,巴彦高勒站和三湖河口站均上升 0.2 m 左右(见表 6-2、图 6-2)。

表 6-2　宁蒙河道同流量(1 000 m³/s)水位变化　　　　　　　　(单位:m)

时段	下河沿	青铜峡	石嘴山	巴彦高勒	三湖河口	头道拐
2012—2013 年	-0.02	-0.05	-0.19	0.17	0.05	-0.16
2013—2014 年	-0.03	-0.07	0.04	0.05	0.15	0.08
2012—2014 年	-0.05	-0.12	-0.15	0.22	0.20	-0.08

注:"-"为下降值。

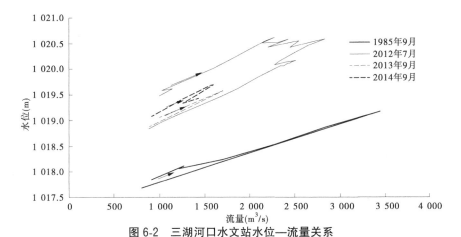

图 6-2　三湖河口水文站水位—流量关系

第七章 认识与建议

一、主要认识

(1)2014年汛期黄河流域降雨量为344 mm,较多年平均偏多21%,降雨量时空分布不均匀,兰托区间、龙门—三门峡干流偏多20%以上;降雨量前汛期偏少,后汛期偏多。

(2)干支流水沙仍然偏少,龙门、潼关、华县和河龙区间年沙量分别为0.379亿 t、0.742亿 t、0.223亿 t、0.194亿 t,均为历史最小值。

(3)干支流没有出现编号洪水,干流唐乃亥水文站最大洪峰流量2 300 m^3/s,花园口水文站调水调沙期间最大洪峰流量3 990 m^3/s。

(4)流域8座大型水库蓄水总量334.08亿 m^3,较上年同期增加32.04亿 m^3,其中非汛期补水量77.68亿 m^3,龙羊峡水库和小浪底水库分别占55%和44%。

(5)三门峡水库年排沙量为1.390亿 t,均发生在汛期,汛期水库排沙比279%;2次敞泄排沙累计时间5 d,共排沙0.986亿 t,平均排沙比1 933%,其中小浪底水库调水调沙期排沙比高达1 271%。小浪底水库年排沙量为0.269亿 t,排沙比为19.4%,其中调水调沙期排沙比42.3%。

(6)潼关高程非汛期淤积抬升0.47 m,年内潼关高程下降0.07 m,2014年汛后潼关高程为327.48 m。

(7)小北干流河段年冲刷量为0.283 7亿 m^3,其中非汛期冲刷0.144 6亿 m^3;潼关以下年冲刷量为0.266亿 m^3,其中汛期冲刷0.645亿 m^3。

(8)2014年小浪底水库库区淤积量为0.400亿 m^3,其中库区干流淤积量为0.395亿 m^3;淤积最大的河段在坝前至HH18断面,支流中石井河淤积量最大。三角洲顶点位于距坝16.39 km的HH11断面,三角洲顶点高程为222.71 m。至2014年10月,水库275 m高程下总库容为96.734亿 m^3,其中干流库容为50.086亿 m^3。

(9)西霞院以下河道冲刷泥沙0.931亿 m^3,其中非汛期冲刷0.663亿 m^3,年冲刷总量的92%集中在孙口以上河段。同流量(3 000 m^3/s)水位花园口上升0.21 m,高村和泺口的降幅不足0.10 m,其余水文站都在0.22 m左右。

(10)从1999年9月开始蓄水运用至2014年10月,小浪底水库全库区淤积量为30.726亿 m^3,其中干流占总淤积量的80%;黄河下游主槽共冲刷19.329亿 m^3,其中利津以上河段冲刷18.629亿 m^3;夹河滩以上河道主槽的冲刷面积超过了4 000 m^2,而艾山以下河段不到1 000 m^2。

(11)目前花园口以上河段的平滩流量已达6 500 m^3/s,平滩流量最小的河段为彭楼—陶城铺,仅约4 200 m^3/s。

(12)2012年漫滩洪水过后,2014年内蒙古河段河道局部回淤,三湖河口站同流量水位累计上升0.2 m,防洪防凌形势仍然严峻。

二、建议

（1）小浪底水库库区支流畛水河的拦门沙坎依然存在，建议针对这一问题开展相关研究。

（2）三湖河口—头道拐河段长期以来一直维持淤积态势，说明该河段淤积问题仍未得到缓解，需要关注。

（3）建议控制黄河下游宽河道的塌滩，以使下游河道的冲刷在纵向上更均衡一些，从而整体提高下游河道的排洪能力。

第二专题　汛前调水调沙模式及异重流排沙水位研究

　　2002 年开展调水调沙试验以来,下游河道发生沿程持续冲刷,河道过流能力显著增大。目前,黄河下游最小平滩流量已从 2002 年汛前的不足 1 800 m^3/s 增加到 4 200 m^3/s。然而,随着冲刷的持续发展,下游河床发生不同程度的粗化,伴随冲刷的发展和河床的粗化,下游河道各河段的冲刷效率也明显减小,全下游的年平均冲刷效率已经从 2004 年的 6.8 kg/m^3 降低到 2013 年的 1.7 kg/m^3。随着经济的发展,需水量不断增加,水资源供需矛盾日益严峻。为此,汛前调水调沙是继续开展还是不开展,或是按照一定指标不定期开展,这是目前迫切需要回答的问题。本专题在开展汛前调水调沙作用分析和汛前调水调沙期下游冲淤调整规律研究的基础上,提出下一阶段汛前调水调沙的运用模式,期望不仅能够维持黄河下游一定的排洪输沙能力(最小平滩流量不低于 4 000 m^3/s),同时又能充分利用现有水资源,为促使河流健康和流域经济生活协同发展提供科技支撑。

第一章　汛前调水调沙作用分析

一、汛前调水调沙基本情况

调水调沙是小浪底水库防洪减淤的基本运用方式。2002 年以来,黄委组织开展了 15 次调水调沙,其中汛前调水调沙 10 次,汛期调水调沙 5 次。2002~2004 年开展了 3 次调水调沙试验,2005 年之后调水调沙转入正常生产运行。2004 年开展的第三次调水调沙试验是第一次开展汛前调水调沙,2005 年之后调水调沙转入正常生产运行至 2014 年,每年 6 月开展一次汛前调水调沙生产运行。

汛前调水调沙的目标主要包括:一是实现黄河下游主河槽的全线冲刷,扩大主河槽的过流能力,近几年转为维持下游河道中水河槽行洪输沙能力;二是探索人工塑造异重流调整小浪底水库库区泥沙淤积分布的水库群水沙联合调度方式;三是进一步深化对河道、水库水沙运动规律的认识;四是实施黄河三角洲生态调水。

汛前调水调沙的模式采用 2004 年第三次调水调沙试验的基于干流水库群联合调度、人工异重流塑造模式:依靠水库蓄水,充分而巧妙地利用自然的力量,通过精确调度万家寨、三门峡、小浪底等水利枢纽工程,在小浪底水库库区塑造人工异重流,实现水库减淤的同时,利用进入下游河道水流富余的挟沙能力,冲刷下游河道、增加河道过流能力,并将泥沙输送入海。黄河历次汛前调水调沙相关特征值见表 1-1。

二、汛前调水调沙作用分析

(一)汛前调水调沙对增加下游河道过流能力的作用

小浪底水库投入运用以来,采用沙量平衡法计算,下游河道共冲刷泥沙 15.412 亿 t,根据断面法计算的冲刷量为 18.204 亿 m³(见表 1-2),其中 2004 年实施汛前调水调沙以来由沙量平衡法计算,下游共冲刷泥沙 10.276 亿 t,年均冲刷 0.934 亿 t;汛前调水调沙清水阶段共冲刷泥沙 4.449 亿 t,平均每次冲刷 0.406 亿 t;汛前调水调沙清水阶段冲刷量占总冲刷量的 43.4%,汛前调水调沙第一阶段清水大流量过程,对下游河道过流能力增加具有非常重要的作用。

各年汛前调水调沙清水阶段的冲刷量占全年的比例为 23.4%~53.5%,可见汛前调水调沙清水大流量泄放对下游河道全程冲刷、河道平滩流量扩大具有非常重要的作用。在 2002 年未实施调水调沙以前,由于受流域来水较少等因素影响,水库长期下泄清水小流量,下游河道发生上冲下淤现象,仅花园口以上河段发生冲刷,平滩流量增大,其他河段发生淤积,平滩流量减小。2002 年实施调水调沙试验以来,每年水库泄放一定历时清水大流量过程,加上 2003 年以来流域来水条件逐步好转、汛期洪水增多,下游河道发生沿程持续冲刷,河道过流能力显著增大。目前,黄河下游最小平滩流量已从 2002 年汛前的不足 1 800 m³/s 增加到 4 200 m³/s(见图 1-1)。

表 1-1 黄河 11 次汛前调水调沙相关特征值

年份	模式	小浪底水库蓄水(亿m³)	区间来水(亿m³)	调控流量(m³/s)	调控含沙量(kg/m³)	进入下游水量(亿m³)	入海水量(亿m³)	入海沙量(亿t)	河道冲淤量(亿t)	调水调沙后下游最小平滩流量(m³/s)	小浪底入库沙量(亿t)	小浪底出库沙量(亿t)	排沙比(%)
2004	基于干流水库群水沙联合调度	66.50	1.10	2 700	40	47.89	48.01	0.697	-0.665	2 730	0.432	0.044 0	10.2
2005	万家寨、三门峡、小浪底三库联合调度	61.60	0.33	3 000~3 300	40	52.44	42.04	0.612 6	-0.646 7	3 080	0.450 0	0.023 0	5.1
2006	三门峡、小浪底两库联合调度为主	68.90	0.47	3 500~3 700	40	55.40	48.13	0.648 3	-0.601 1	3 500	0.230 0	0.084 1	36.6
2007	万家寨、三门峡、小浪底三库联合调度	43.53	0.45	2 600~4 000	40	41.21	36.28	0.524 0	-0.288 0	3 630	0.601 2	0.261 1	43.4
2008	万家寨、三门峡、小浪底三库联合调度	40.64	0.31	2 600~4 000	40	44.20	40.75	0.598 0	-0.201 0	3 810	0.579 8	0.516 5	89.1
2009	万家寨、三门峡、小浪底三库联合调度	47.02	0.80	2 600~4 000	40	45.70	34.88	0.345 2	-0.386 9	3 880	0.503 9	0.037 0	7.34
2010	万家寨、三门峡、小浪底三库联合调度	48.48	1.31	4 000	40	52.80	45.64	0.700 5	-0.208 2	4 000	0.408 0	0.559 0	137
2011	万家寨、三门峡、小浪底三库联合调度	43.59	0.56	4 000	40	49.28	37.93	0.427 3	-0.114 8	4 100	0.260 0	0.378 0	145.4
2012	万家寨、三门峡、小浪底三库联合调度	42.79	1.13	4 000	40	60.35	50.50	0.631 5	-0.046 7	4 100	0.444 0	0.657 0	148.0
2013	万家寨、三门峡、小浪底三库联合调度	39.30	1.20	4 000	40	59.00	52.20	0.558 7	0.051 9	4 100	0.387 0	0.645 0	166.7
2014	万家寨、三门峡、小浪底三库联合调度	20.70	0.24	4 000	40	23.39	20.91	0.198 7	0.038 7	4 200	0.616 0	0.259 0	42.0
合计			7.90			531.66	457.27	5.941 8	-3.067 8		4.911 9	3.463 7	70.5

注:2009 年以前用《黄河调水调沙理论与实践》报告数据,2009 年以后用水文整编数据。

表 1-2　2000 年以来全下游年冲刷量

年份	运用年		年冲淤量（亿 t）			汛前调水调沙清水阶段	
	来水量（亿 m³）	来沙量（亿 t）	沙量平衡法	断面法	两种计算方法平均	冲刷量（亿 t）	占全年比例（%）
2000	148.271	0.047	−0.801	−1.660	−1.230 5		
2001	180.010	0.240	−0.781	−1.142	−0.961 5		
2002	206.363	0.740	−0.705	−1.047	−0.876 0		
2003	257.607	1.233	−2.849	−3.860	−3.354 5		
2004	236.333	1.425	−1.598	−1.665	−1.631 5	−0.362	39.7
2005	224.118	0.468	−1.499	−2.033	−1.766 0	−0.711 5	40.3
2006	303.762	0.399	−1.745	−1.848	−1.796 5	−0.593 5	33.0
2007	252.898	0.734	−0.839	−2.320	−1.579 5	−0.369 7	23.4
2008	253.001	0.462	−0.644	−1.016	−0.830 0	−0.342 2	41.2
2009	224.979	0.036	−0.721	−1.187	−0.954 0	−0.408 7	42.8
2010	280.081	1.372	−0.587	−1.485	−1.036 0	−0.496 2	47.9
2011	254.523	0.346	−0.701	−1.882	−1.291 5	−0.369 6	28.6
2012	426.080	1.296	−1.038	−1.392	−1.215 0	−0.357 2	29.4
2013	390.373	1.425	−0.680	−1.676	−1.178 0	−0.334 3	28.4
2014	227.045	0.273	−0.224	−1.273	−0.748 5	−0.120	53.5
2004—2014 合计	3 073.193	8.236	−10.276	−17.777	−14.026 5	−4.464 9	43.4
2004—2014 平均	279.38	0.749	−0.934	−1.616	−1.275	−0.406	43.4

2007—2014 年全年和汛前调水调沙阶段全下游共冲刷了 5.433 亿 t，年均冲刷 0.679 亿 t，其中汛前调水调沙清水阶段共冲刷 2.798 亿 t，年均冲刷 0.349 亿 t；汛前调水调沙清水阶段全下游冲刷量占年冲刷量的 51%（见表 1-3）。

表 1-3　2007—2014 年黄河下游各河段冲淤量　　　　　　　　　（单位：亿 t）

类别		小浪底—花园口	花园口—高村	高村—艾山	艾山—利津	全下游
调水调沙期以外时段	累计	−0.930	−2.724	−0.941	0.660	−3.935
	年均	−0.116	−0.340	−0.118	0.082	−0.492
汛前调清水阶段冲淤量	累计	−0.700	−0.755	−0.698	−0.645	−2.798
	年均	−0.087	−0.094	−0.087	−0.081	−0.349
汛前调浑水阶段冲淤量	累计	1.026	0.102	−0.035	0.207	1.230
	年均	0.128	0.013	−0.004	0.026	0.163

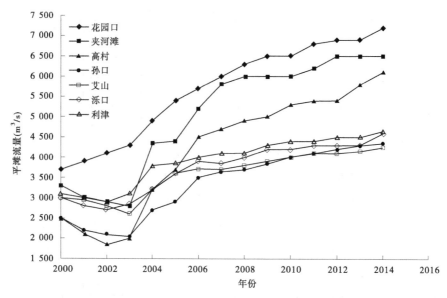

图 1-1　小浪底水库运用以来下游水文站断面平滩流量

分河段而言,花园口—高村河段在汛前调水调沙期间冲刷量占全年的比例最小,仅为22%。该河段在汛前调水调沙清水阶段冲刷量为四个河段最多,而全年该河段冲刷更多,所以汛前调水调沙清水阶段的冲刷量占全年的比例相对较小。

艾山—利津河段主要发生在汛前调水调沙清水大流量下泄阶段。若取消汛前调水调沙清水下泄过程,但仍保留后阶段的人工塑造异重流排沙过程,再考虑到将汛前调水调沙第一阶段的清水大流量过程改为清水小流量过程,该时段内艾山—利津河段将由冲刷转为微淤,从而可能导致艾山—利津河段全年将由近期的冲刷转为淤积。

(二)汛前调水调沙异重流排沙对小浪底水库的减淤作用

在不显著影响下游河道冲刷效率的前提下,水库尽可能利用异重流排沙,减缓拦沙库容的淤损,这是调度运用中应考虑的重要问题之一。2007 年以来汛前调水调沙后期的人工塑造异重流排沙阶段共排放泥沙量 3.106 亿 t,占小浪底水库总排沙量 5.877 亿 t 的53%(见表 1-4)。虽然该过程在下游河道发生淤积,但淤积集中在花园口以上河段,占全下游的 79%,淤积的粗颗粒泥沙较少,仅占 17%。该时段内,粗颗粒泥沙在艾山—利津河段基本不淤积。

表 1-4　小浪底水库汛前调水调沙异重流阶段及全年排沙量

年份	全年(亿 t)	汛前调水调沙(亿 t)	比例(%)
2000	0.042		
2001	0.230		
2002	0.740	0.366	49
2003	1.148	0.747	65
2004	1.422	0	0

年份	全年(亿 t)	汛前调水调沙(亿 t)	比例(%)
2005	0.449	0.020	5
2006	0.398	0.069	17
2007	0.705	0.234	33
2008	0.462	0.462	100
2009	0.036	0.036	99
2010	1.361	0.553	41
2011	0.329	0.329	100
2012	1.295	0.576	44
2013	1.420	0.648	46
2014	0.269	0.268	100
2007—2014 合计	5.877	3.106	53

黄河下游在小水期具有上冲下淤的特点,在非汛期和汛期的平水期,该河道发生淤积。造成艾山—利津河段淤积的泥沙主要为大于 0.05 mm 粗泥沙(见表 1-5),占非汛期淤积量的 56%,而汛前调水调沙后期排沙阶段该组泥沙在艾山—利津河段基本不淤积。

表 1-5 2005—2009 年非汛期(11 月至次年 5 月)分组沙冲淤量　　(单位:亿 t)

冲淤量	河段	全沙	<0.025 mm	0.025~0.05 mm	>0.05 mm
总冲淤量	小浪底—艾山	-1.527	-0.563	-0.268	-0.696
	艾山—利津	0.362	0.095	0.064	0.203
年均冲淤量	小浪底—艾山	-0.306	-0.113	-0.054	-0.139
	艾山—利津	0.073	0.019	0.013	0.041

可见,汛前调水调沙第二阶段人工塑造异重流排沙是小浪底水库排泄泥沙的重要时段,对小浪底水库的减淤起到了重要作用。由于该时段内的排沙虽然造成下游河道发生淤积,但淤积主要集中在平滩流量较大的花园口以上河段,对下游河道过流能力较小的艾山—利津河段影响不大。因此,汛前调水调沙第二阶段的人工塑造异重流排沙过程需要也是可以继续开展的。

第二章　汛前调水调沙下游河道冲淤规律

一、清水阶段下游冲刷规律

在 2002 年首次实施调水调沙以前,进入下游的流量较小,年最大日均流量均发生在春灌期的 4 月,下游河道冲刷集中在花园口以上。2003 年秋汛洪水较大,下游河道发生了强烈冲刷,根据沙量平衡法、断面法计算结果,年冲刷效率分别达到 11.1 kg/m³ 和 15.0 kg/m³。2004 年以来每年开展汛前调水调沙,均有一定历时的大流量进入下游河道,河道冲刷效率也呈现出不断减小的规律性变化,这种规律性从沙量平衡法计算结果来看,更为明显。

2004—2006 年,下游河道年冲刷效率相对较大,平均达到 6.8 kg/m³(沙量平衡法 6.3 kg/m³,断面法 7.3 kg/m³);2007—2010 年明显减小,平均为 4.4 kg/m³(沙量平衡法 2.8 kg/m³,断面法 5.9 kg/m³);2011—2014 年进一步减小,平均为 3.4 kg/m³(沙量平衡法 2.0 kg/m³,断面法 4.0 kg/m³)。可见,下游河道年平均冲刷效率自 2007 年以来明显减小。

随着冲刷的发展,河床不断发生粗化是下游河道冲刷效率降低的主要因素。从 1999 年 12 月到 2006 年汛后,下游河道床沙不断粗化,各河段的床沙中值粒径均显著增大,花园口以上、花园口—高村、高村—艾山、艾山—利津以及利津以下河段床沙的中值粒径分别从 0.064 mm、0.060 mm、0.047 mm、0.039 mm 和 0.038 mm 粗化为 0.291 mm、0.139 mm、0.101 mm、0.089 mm 和 0.074 mm。2005 年以来各河段冲刷中值粒径变化较小,夹河滩—高村河段仍有一定粗化,艾山—利津河段也小幅粗化,到 2013 年汛后各河段床沙中值粒径分别为 0.288 mm、0.185 mm、0.101 mm、0.116 mm 和 0.082 mm,详见图 2-1。到 2007 年下游河道河床粗化基本完成。

图 2-2 是汛前调水调沙清水大流量下泄时段和其他流量相对较大的清水下泄时段,全下游的冲刷效率与平均流量的关系。下游河道的冲刷效率与进入下游的水流平均流量关系密切,同时受床沙组成的制约。在同一时段,床沙组成比较接近时,随着流量的增大冲刷效率增大;对于相同流量的水流,则随着床沙的粗化,冲刷效率减小。下游分河段也存在相同的规律(见图 2-3~图 2-6)。

汛前调水调沙清水过程全下游及各河段冲刷效率逐年减小(见图 2-7),2004 年调水调沙全下游及小浪底—花园口、花园口—高村、高村—艾山和艾山—利津各河段的冲刷效率分别为 16.8 kg/m³、4.1 kg/m³、4.3 kg/m³、4.5 kg/m³ 和 3.9 kg/m³,2013 年汛前调水调沙清水阶段分别为 8.1 kg/m³、2.0 kg/m³、2.6 kg/m³、2.1 kg/m³ 和 1.5 kg/m³,分别是 2004 年调水调沙的 48%、47%、61%、46% 和 38%。可见,调水调沙清水大流量的冲刷效率减小显著,2013 年的冲刷效率约为 2004 年的 50%,高村—艾山河段减少最少,减少了 39%,艾山—利津河段减少最多,减少了 62%。

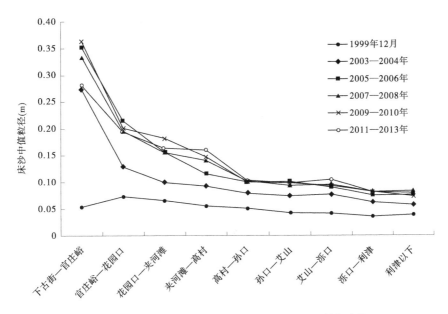

图 2-1　小浪底水库运用以来下游各河段冲刷中值粒径变化

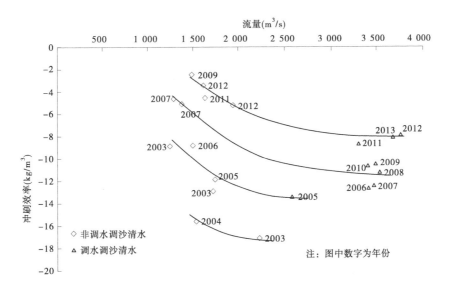

图 2-2　汛前调水调沙清水过程全下游冲刷效率变化

二、浑水阶段下游冲淤调整规律

2006 年以来,除了 2006 年和 2009 年排水量较少外,其他各次汛前调水调沙异重流排沙阶段小浪底水库出库泥沙量均较大(平均每次排沙 0.466 亿 t),2006—2013 年共排泥沙 2.899 亿 t,在下游河道共淤积了 1.127 亿 t,淤积比为 39%。淤积的泥沙以 0.025 mm 以下的细颗粒泥沙为主,为总淤积量的 61%,中颗粒泥沙占 22%,粗颗粒泥沙和特粗

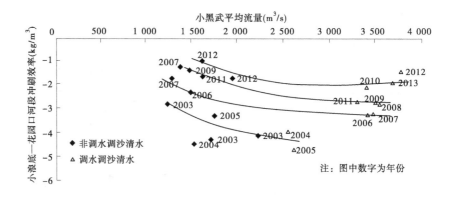

图 2-3　汛前调水调沙清水过程小浪底—花园口以上河段冲刷效率

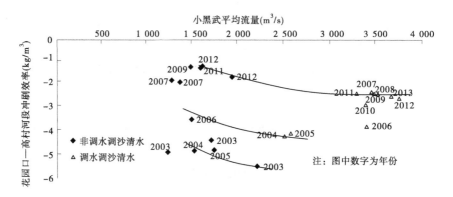

图 2-4　汛前调水调沙清水过程花园口—高村河段冲刷效率

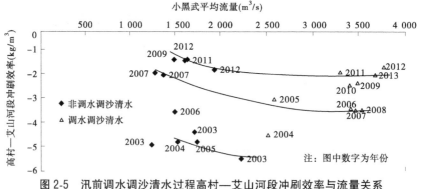

图 2-5　汛前调水调沙清水过程高村—艾山河段冲刷效率与流量关系

颗粒泥沙分别占 12% 和 5%。从河段分布来看,淤积主要集中在花园口以上河段,淤积
0.890 亿 t,占总淤积量的 79%;其次在艾山—利津河段和花园口—高村河段,淤积量分别
为 0.163 亿 t 和 0.102 亿 t,占总淤积量的 14% 和 9%(见表 2-1)。异重流排沙阶段全沙的
淤积比为 39%;细颗粒泥沙的淤积比最小,为 35%;中、粗颗粒泥沙的淤积比较大,分别为
50% 和 44%。

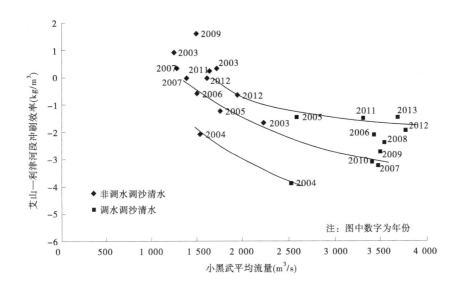

图 2-6　汛前调水调沙清水过程艾山—利津河段冲刷效率与流量关系

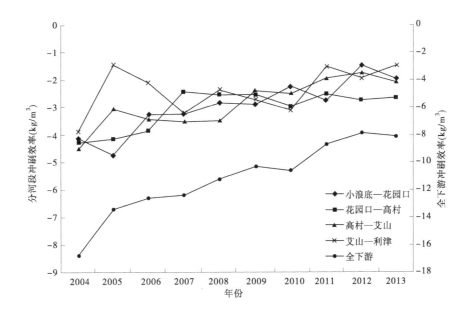

图 2-7　汛前调水调沙清水过程下游冲刷效率逐年变化过程

汛前调水调沙第二阶段人工塑造异重流阶段,下游河道发生淤积,主要是短历时集中排沙,出库含沙量高,导致下游淤积较多。分析发现,排沙阶段冲淤效率与时段内的平均含沙量关系密切,随着后者的增大而线性增加(见图 2-8)。

表 2-1　2006—2013 年汛前调水调沙排沙阶段下游分河段分组沙冲淤量

泥沙参数		全沙	<0.025 mm	0.025~0.05 mm	>0.05 mm
总来沙量(亿 t)		2.899	1.960	0.498	0.441
年均来沙量(亿 t)		0.362	0.245	0.062	0.055
来沙组成(%)		100.0	67.6	17.2	15.2
总冲淤量	全下游 (占全沙比例)	1.127 (100%)	0.682 (61%)	0.249 (22%)	0.196 (17%)
	淤积比(%)	38.9	34.8	50.1	44.3
	小浪底—花园口 (占全下游比例)	0.890 (79%)	0.387 (57%)	0.251 (101%)	0.252 (129%)
	花园口—高村	0.102	0.076	0.020	0.006
	高村—艾山	-0.028	0.062	-0.023	-0.067
	艾山—利津 (占全下游比例)	0.163 (14%)	0.157 (23%)	0.001 (1%)	0.005 (2%)
平均 冲淤量	全下游	0.140	0.085	0.031	0.024
	小浪底—花园口	0.111	0.048	0.031	0.032
	花园口—高村	0.014	0.010	0.003	0.001
	高村—艾山	-0.003	0.008	-0.003	-0.008
	艾山—利津	0.021	0.020	0	0.001

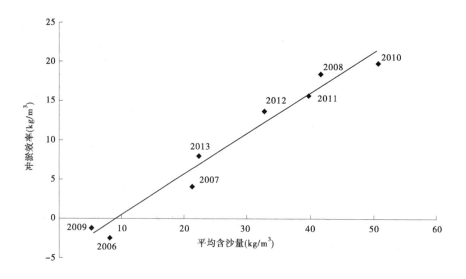

图 2-8　汛前调水调沙异重流排沙阶段全下游冲淤效率与平均含沙量关系

由于汛前调水调沙人工塑造异重流排沙阶段下游淤积主要发生在平滩流量较大的花园口以上河段,该河段处于下游河道的最上端,只要小浪底水库下泄清水,该河段首当其冲,异重流排沙阶段淤积的泥沙可以被冲起输移。对于艾山—利津河段,从分组泥沙的冲淤表现可以看出,汛前调水调沙人工塑造异重流排沙阶段,在该河段淤积的泥沙主要为细颗粒泥沙。由于细颗粒泥沙在其他含沙量较低时段易被冲刷带走,因此该时段内的淤积对艾山—利津河段的影响不大。

第三章　汛前调水调沙对艾山—利津河段冲淤影响

艾山—利津河段河道较缓,比降约为1‰,也是目前黄河下游过流能力较小的河段。在汛期的平水期和非汛期,下游河道易发生上冲下淤现象,高村以上河段冲刷明显,高村—艾山河段基本处于平衡,艾山—利津河段发生淤积。汛前调水调沙清水大流量过程该河段冲刷明显,是该河段发生冲刷的主要时段。可见,汛前调水调沙对该河段的冲刷具有非常重要的作用。

一、非汛期艾山—利津河段的淤积规律

小浪底水库运用以来,艾山—利津河段非汛期均发生淤积,且时段两头淤积多,即2000—2001年和2012—2014年两个时段淤积较多(见表3-1)。

表3-1　艾山—利津河段非汛期(与断面法时间一致)冲淤量　　(单位:亿t)

年份	沙量平衡法	断面法冲淤量	两方法平均
2000	0.172	0.472	0.322
2001	0.221	0.155	0.188
2002	0.116	−0.020	0.048
2003	0.043	0.105	0.074
2004	0.095	0.129	0.112
2005	0.050	0.049	0.050
2006	0.125	0.148	0.137
2007	0.062	0.020	0.041
2008	0.066	0.021	0.043
2009	0.060	0.078	0.069
2010	0.057	0.083	0.070
2011	0.070	0.053	0.061
2012	0.203	0.202	0.202
2013	0.128	0.181	0.154
2014	0.079	0.006	0.042
2000—2006年	0.117	0.148	0.133
2007—2013年	0.091	0.081	0.085
2012—2014年	0.137	0.130	0.133

两个时段非汛期淤积较多的原因是不同的。2000—2001年,由于小浪底水库运用之

前的 20 世纪 90 年代,来水较枯,下游河道淤积严重,特别是粒径小于 0.025 mm 的细颗粒泥沙也发生大量淤积。在水库投入运用初期,由于床沙组成较细、流量较小,导致上段冲刷多、含沙量恢复较大,到了下段艾山—利津河段,淤积较多。2012—2014 年,主要是非汛期下泄 800 m³/s 以上流量天数较多,导致上冲下淤显著。

(一)非汛期艾山—利津河段淤积特点

表 3-2 统计了 2005—2009 年非汛期艾山以上河段和艾山—利津河段的分组泥沙冲淤量。2005—2009 年艾山以上共冲刷 1.527 亿 t,以大于 0.05 mm 的粗泥沙为主,为 0.696 亿 t,占全沙的 46%。艾山—利津河段共淤积 0.362 亿 t,为上段冲刷量的 24%,其中粗颗粒泥沙淤积 0.203 亿 t,占该河段淤积量的 56%,占上段河段粗泥沙冲刷量的 29%。可见,非汛期艾山—利津河段淤积的主体为粒径大于 0.05 mm 的粗颗粒泥沙。

表 3-2 2005—2009 年非汛期(11 月至次年 5 月)分组泥沙冲淤量

冲淤参数	河段	全沙	<0.025 mm	0.025~0.05 mm	>0.05 mm
总冲淤量 (亿 t)	小浪底—艾山	−1.527	−0.563	−0.268	−0.696
	艾山—利津	0.362	0.095	0.063	0.203
年均冲淤量 (亿 t)	小浪底—艾山	−0.305	−0.113	−0.054	−0.138
	艾山—利津	0.073	0.019	0.013	0.041

(二)近两年非汛期艾山—利津河段淤积特点

2012 年和 2013 年非汛期下泄大于 800 m³/s(主要为 800~1 500 m³/s)流量的天数较之前几年显著增加(见图 3-1)。2005—2011 年非汛期小于 800 m³/s 的天数平均每年 167.3 d,大于 800 m³/s 的天数平均每年 44.9 d;2012—2013 年两个流量级的天数平均每年分别为 69.5 d 和 143 d,大于 800 m³/s 的天数为之前多年平均的 3 倍多。

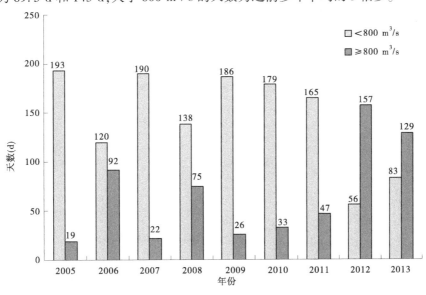

图 3-1 2005 年以来非汛期(11 月至次年 5 月)小浪底水文站不同流量级天数

而非汛期 11 月至次年 5 月艾山—利津河段的淤积量与进入下游日均流量大于 800 m^3/s 的天数有一定关系(见图 3-2)。

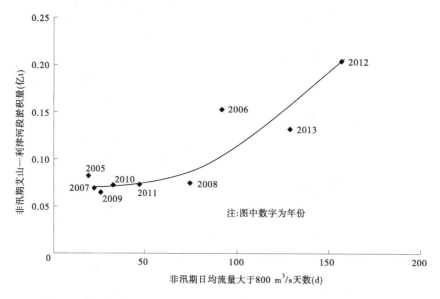

图 3-2　非汛期艾山—利津河段淤积量与大于 800 m^3/s 流量的天数关系

非汛期艾山—利津河段的淤积量与艾山以上河段的冲刷量有密切关系,该河段的淤积量随着上段冲刷量增大而增大(见图 3-3)。另外,随着冲刷的发展、床沙的粗化,在艾山以上河段发生相同冲刷量时,艾山—利津河段的淤积量有所增多。

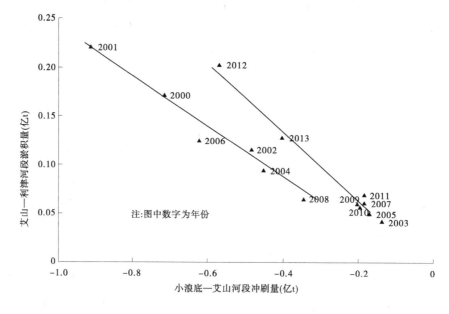

图 3-3　小浪底水库运用以来非汛期艾山—利津河段淤积量与艾山以上冲刷量关系

非汛期艾山以上河段冲刷量与来水平均流量关系密切,在一定时段内冲刷量与平均流量大小呈线性关系(见图3-4)。

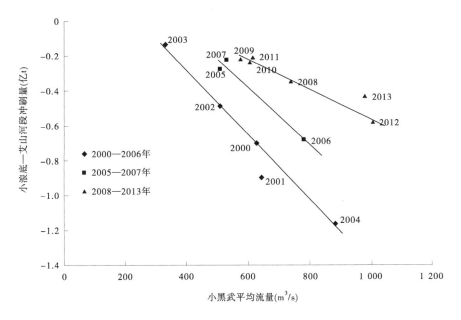

图3-4 11月至次年5月艾山以上河段与小黑武平均流量关系

上述分析表明,近两年非汛期艾山—利津河段淤积量较大的主要原因是非汛期下泄800~1 500 m³/s 流量的天数较多。

(三)非汛期艾山—利津河段淤积的影响因素

非汛期特别是春灌期3—5月,由于引水需求,到利津水文站的流量较艾山水文站平均少250 m³/s 左右,如小的为100 m³/s 左右,大的有500 m³/s 之多。进入下游的平均流量越大,到艾山水文站的流量一般也越大,但到了利津,流量减幅也越大(见图3-5)。

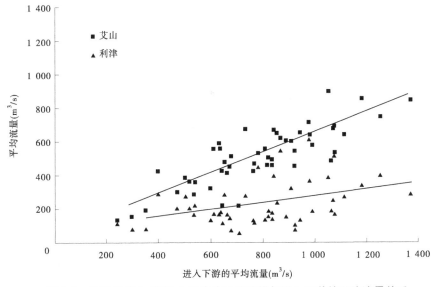

图3-5 非汛期艾山、利津水文站的平均流量与进入下游的平均流量关系

艾山和利津含沙量与流量的关系基本一致,相同流量时对应含沙量基本相同(见图 3-6)。也就是说,当利津的流量与艾山的相同时,利津的含沙量与艾山的含沙量也基本相同,则艾山—利津河段基本输沙平衡。

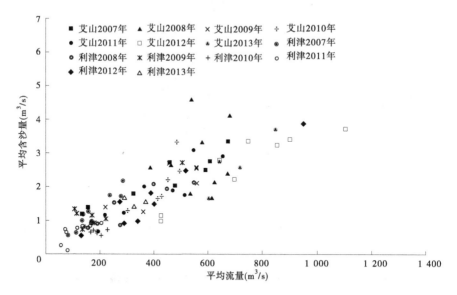

图 3-6　非汛期艾山、利津水文站的平均含沙量与各水文站平均流量关系

但是由于非汛期下游引水需求,利津的流量一般较艾山小,从而导致水流从艾山输送到利津时,河段发生淤积,含沙量降低(见图 3-7)。

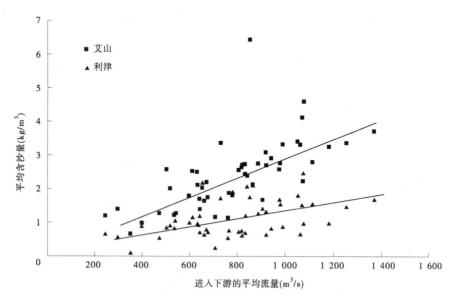

图 3-7　非汛期艾山、利津水文站的平均含沙量与进入下游平均流量关系

图 3-7 表明,非汛期进入下游的平均含沙量越大,从艾山到利津的含沙量降低越多,导致河段的淤积量越多。

二、汛期艾山—利津河段冲淤分析

小浪底水库运用以来,艾山—利津河段汛期共冲刷3.035亿t泥沙(沙量平衡法冲刷1.244亿t,断面法冲刷4.826亿t)。2002年以前,由于进入下游的流量较小,该河段年均冲刷0.073亿t;2003—2006年,进入下游的大流量显著增多,特别是遭遇2003年和2005年秋汛洪水,河段冲刷较多,年均冲刷0.358亿t;2007—2010年,由于床沙的粗化,河段冲刷效率有所降低,年均冲刷0.177亿t;2011—2013年,尤其是2012—2013年,流域来水较丰,河段冲刷有所增多,年均冲刷0.227亿t。各年冲刷量及时段平均冲刷量见表3-3。

表3-3 艾山—利津河段汛期(与断面法时间一致)冲刷量

年份	水量(亿 m³)		沙量(亿 t)		艾山—利津河段冲淤量(亿 t)		
	小黑武	艾山	小黑武	艾山	沙量平衡法	断面法	两方法平均
2000	63.203	46.693	0.047	0.348	0.108	−0.224	−0.058
2001	62.690	32.886	0.240	0.158	0.025	−0.130	−0.053
2002	114.555	67.300	0.740	0.793	0.077	−0.295	−0.109
2003	198.562	195.820	1.193	3.383	−0.467	−0.869	−0.668
2004	144.662	163.934	1.425	2.473	−0.111	−0.459	−0.285
2005	157.787	159.265	0.468	1.568	−0.158	−0.550	−0.354
2006	186.350	175.553	0.399	1.416	−0.146	−0.099	−0.123
2007	176.181	166.151	0.734	1.274	−0.088	−0.430	−0.259
2008	137.637	123.476	0.462	0.744	−0.027	−0.090	−0.059
2009	134.760	116.136	0.036	0.485	−0.075	−0.192	−0.134
2010	184.636	172.126	1.372	1.555	−0.155	−0.356	−0.255
2011	150.934	127.568	0.346	0.741	−0.081	−0.224	−0.153
2012	257.070	218.773	1.296	1.670	−0.102	−0.463	−0.283
2013	229.499	196.342	1.425	1.653	−0.044	−0.445	−0.245
2000—2002年平均	80.149	48.959	0.342	0.433	0.070	−0.216	−0.073
2003—2006年平均	171.840	173.643	0.871	2.210	−0.221	−0.494	−0.358
2007—2010年平均	158.304	144.472	0.651	1.014	−0.086	−0.267	−0.177
2011—2013年平均	212.501	180.895	1.023	1.355	−0.076	−0.377	−0.227
2007—2013年平均	181.531	160.082	0.810	1.160	−0.081	−0.314	−0.198

2003年以来,艾山、泺口和利津三处水文站的同流量(3 000 m³/s)水位呈不断降低趋势(见图3-8),这与汛期该河段发生冲刷分不开,因为非汛期该河段是发生淤积的。

表3-4统计了2007年以来汛期(6—10月)各河段分组泥沙冲淤量,艾山—利津河段共冲刷了0.628亿t,年均冲刷0.090亿t,其中细颗粒泥沙冲刷0.284亿t,年均冲刷

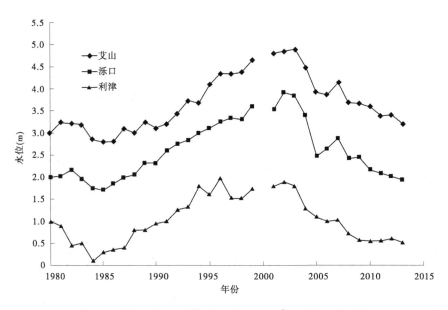

图 3-8 艾山、泺口和利津水文站 3 000 m³/s 水位变化过程

0.041 亿 t;中颗粒泥沙冲刷 0.230 亿 t,年均冲刷 0.033 亿 t;粗颗粒泥沙冲刷 0.114 亿 t,年均冲刷 0.016 亿 t。汛期艾山—利津河段冲刷的主体为细颗粒泥沙和中颗粒泥沙,粗颗粒泥沙冲刷较少。

表 3-4 2007—2013 年汛期(6—10 月)下游分组沙冲淤量　　　(单位:亿 t)

冲淤参数	河段	全沙	<0.025 mm	0.025~0.05 mm	>0.05 mm
总冲淤量	小浪底—花园口	0.255	0.543	0.001	-0.289
	花园口—高村	-1.694	-0.678	-0.450	-0.566
	高村—艾山	-1.426	-0.636	-0.239	-0.551
	艾山—利津	-0.628	-0.284	-0.230	-0.114
	全下游	-3.493	-1.055	-0.918	-1.520
年均冲淤量	小浪底—花园口	0.039	0.078	0	-0.041
	花园口—高村	-0.242	-0.097	-0.064	-0.081
	高村—艾山	-0.204	-0.091	-0.034	-0.079
	艾山—利津	-0.090	-0.041	-0.033	-0.016
	全下游	-0.499	-0.151	-0.131	-0.217

自 2007 年下游河床粗化基本完成以来,艾山—利津河段非汛期年均淤积 0.092 亿 t,汛期年均冲刷 0.198 亿 t,全年平均冲刷 0.106 亿 t。可见,汛期是艾山—利津河段发生冲刷的时段,直接影响该河段的冲刷发展,对该河段同流量水位降低、过流能力增大具有决定性作用。

三、汛前调水调沙对艾山—利津河段的影响分析

统计2007年以来艾山—利津河段共冲刷0.744亿t,其中汛期冲刷1.386亿t,非汛期淤积0.642亿t(见表3-5)。汛期调水调沙该河段共冲刷0.456亿t,其中清水大流量阶段共冲刷0.632亿t,年均冲刷0.086亿t,占全年冲刷量的81%。近两年汛期调水调沙清水大流量冲刷量占到全年冲刷量的87%(见表3-6)。由此可见,汛前调水调沙清水大流量对艾山—利津河段的冲刷具有十分重要的作用。

表3-5 2007年以来艾山—利津河段冲淤量　　　　　　　　(单位:亿t)

计算方法	时段	总冲淤量			年均冲淤量		
		非汛期(11月至次年4月)	汛期(4—11月)	全年	非汛期(11月至次年4月)	汛期(4—11月)	全年
沙量平衡法(与大断面测量时间同)	2007—2011年	0.314	−0.427	−0.113	0.063	−0.085	−0.022
	2012—2013年	0.331	−0.146	0.185	0.166	−0.073	0.093
	2007—2013年	0.646	−0.573	0.073	0.092	−0.082	0.010
断面法	2007—2011年	0.255	−1.291	−1.036	0.051	−0.258	−0.207
	2012—2013年	0.382	−0.909	−0.527	0.191	−0.455	−0.264
	2007—2013年	0.637	−2.199	−1.562	0.091	−0.314	−0.223
两方法平均	2007—2011年	0.285	−0.859	−0.574	0.057	−0.172	−0.115
	2012—2013年	0.357	−0.527	−0.170	0.179	−0.264	−0.085
	2007—2013年	0.642	−1.386	−0.744	0.236	−0.436	−0.200
汛前调水调沙冲淤量	2007—2011年	−0.341(全过程)	−0.484(清水)		−0.068(全过程)	−0.097(清水)	
	2012—2013年	−0.115(全过程)	−0.148(清水)		−0.058(全过程)	−0.074(清水)	
	2007—2013年	−0.456(全过程)	−0.632(清水)		−0.065(全过程)	−0.090(清水)	

表3-6 汛前调水调沙清水过程艾山—利津河段冲淤量　　　　(单位:亿t)

计算方法	2007—2011年	2012—2013年	2007—2013年
沙量平衡法①	−0.023	0.093	0.010
断面法②	−0.207	−0.263	−0.223
平均③ ③=(①+②)/2	−0.115	−0.085	−0.106
汛前调清水④	−0.097	−0.074	−0.086
比例④/③(%)	84	87	81

第四章 汛前调水调沙模式研究

一、汛前调水调沙模式

通过上述研究,汛前调水调沙对增大下游河道冲刷、过流能力具有较大的作用,特别对于艾山—利津河段来讲,作用更大。

汛前调水调沙后期的人工塑造异重流排沙过程在下游河道发生淤积,淤积比39%。淤积以细泥沙为主,细、中、粗泥沙分别占淤积量的61%、22%、17%。但淤积主要集中在花园口以上河段,占全下游的79%。艾山—利津河段淤积占全下游的14%。

可见,在目前水沙条件和下游河道河床粗化、冲刷效率降低的条件下,若不实施汛前调水调沙清水大流量下泄过程,艾山—利津河段全年将会由冲刷状态转为基本平衡状态,下游最小过流能力基本能够维持。

在目前水沙条件和下游河道河床冲刷效率降低的条件下,不实施汛前调水调沙清水大流量下泄过程,艾山—利津河段将会由冲刷状态转为基本冲淤平衡状态。但是,若不开展汛前调水调沙第一阶段清水大流量过程,粒径大于 0.05 mm 的粗颗粒泥沙在艾山—利津河段发生持续淤积,最终导致该河段全年将由冲淤平衡转为淤积。随着来水来沙条件的变化,下游河道在一定时段内可能发生淤积,最小过流能力可能降低。为此,需要不定期开展带有清水大流量泄放过程的汛前调水调沙,来塑造和维持下游的中水河槽。

综上所述,可将 2014 年及近期汛前调水调沙的模式设置为:以人工塑造异重流排沙为主体,没有清水大流量泄放过程的汛前调水调沙与不定期开展带有清水大流量下泄的汛前调水调沙相结合,从而达到维持下游中水河槽不萎缩与提高水资源综合利用效益的双赢目标。

二、利用异重流排沙控制水位

汛前调水调沙第二阶段异重流排沙,主要是利用三门峡水库泄放大流量将水库前期淤积的泥沙排泄出库,同时冲刷小浪底库区泥沙形成异重流。小浪底水库排沙效果与水库对接水位密切相关。

为了增大排沙效果,就需要将对接水位降低,但由于还承担有下游供水任务,因而需保留一部分水量以确保下游供水安全。小浪底水库在 8 月 21 日就逐步过渡到后汛期,开始蓄水,因此汛前调水调沙保留的水量主要考虑前汛期 7 月 11 日至 8 月 20 日的下游供水保障。为此分析了 1960 年以来潼关来水情况,点绘历年潼关 7 月 11 日至 8 月 20 日水量过程(见图 4-1)。前汛期下游按 400 m³/s 供水,则整个前汛期供水需水量为 14.17 亿

m³,从整个前汛期来看,潼关来水量基本可保障下游供水需求。

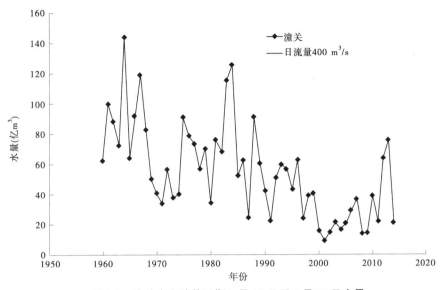

图 4-1　潼关水文站前汛期 7 月 11 日至 8 月 20 日水量

　　由于时段内来水量一定时,其来水过程往往千差万别,供水保障是要求每天供给,因此需要按过程供水,而不能仅看总量。将历年的来水过程,从 7 月 11 日开始,计算出潼关水文站和伊洛沁河水文站每天的累计来水量,以及按 400 m³/s 供给的累计需水量,两者差值为需要利用水库蓄水量进行补给的累计补水量。该时段内最大的累计补水量即为水库需要预留的水量(见图 4-2):

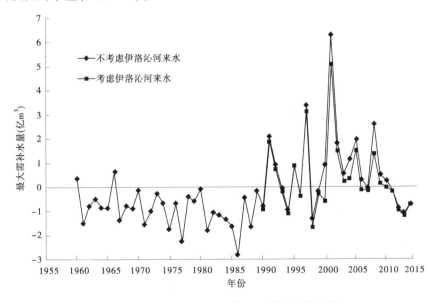

图 4-2　7 月 11 日至 8 月 20 日最大需补水量

在 1990 年以前,来水量基本可以满足下游供水需求,水库不需进行补给。1990 年以后,较多年份需要一定量的补水才能满足下游供水需求。为此依据各年需要的补水量,计算出不同补水量下的供水保证率(见图 4-3)。选取了 1960—2014 年和 1990—2014 年两个系列,通过回归分析,保证率与补水量的关系分别见式(4-1)和式(4-2):

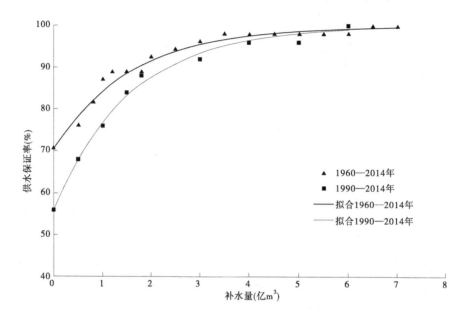

图 4-3　前汛期 7 月 11 日至 8 月 20 日供水保证率与补水量

$$\eta = 100 - 29.6e^{-W/1.6} \tag{4-1}$$
$$\eta = 100 - 44e^{-W/1.55} \tag{4-2}$$

式中:η 为供水保证率(%);W 为需补水量,亿 m^3。

由于 1990 年以来沿黄用水显著增加,前汛期潼关来水明显减小,平均流量不足 400 m^3/s,需要额外补水才能保证下游供水需求。利用 1990—2014 年系列分析得到的供水保证率,对需水的要求更高一些。为了供水的相对安全,采用式(4-2)计算不同供水保证率下需要的补水量,再利用小浪底水库的库容曲线(见图 4-4)可以得到该蓄水量对应的水位,由此得到不同供水保证率条件下,需要保留的水量,计算结果见表 4-1。

前汛期 7 月 11 日至 8 月 20 日,是降雨较多的时段,下游降雨也相对较多,80% 的供水保证率条件下,基本可以保证供水需求。80% 供水保证率条件下,需要的补水量为 1.22 亿 m^3,水库起调水位 210 m 以下水量为 1.59 亿 m^3,若不考虑 210 m 以下水量用于供水,则水库水位为 215.8 m;若考虑利用 210 m 以下蓄水量 0.5 亿 m^3,则水库水位为 214.1 m。

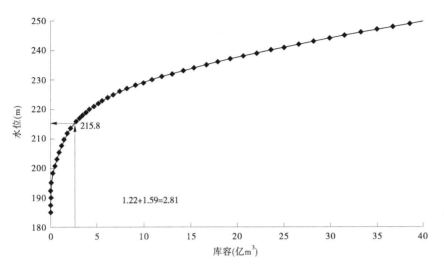

图 4-4　小浪底水库 2014 年汛后库容曲线

表 4-1　不同供水保证率的补水量及相应水位

供水保证率 （%）	需补水量 （亿 m³）	210 m 以下 水量	不利用 210 m 以下水量时		利用 210 m 以下 0.5 m³ 亿水量时	
			预留水量 （亿 m³）	水位 （m）	预留水量 （亿 m³）	水位 （m）
56	0	1.59	0	210		
70	0.59	1.59	2.18	213.5	1.68	210.6
75	0.88	1.59	2.47	214.7	1.97	212.3
80	1.22	1.59	2.81	215.8	2.31	214.1
85	1.67	1.59	3.26	217.2	2.76	215.7
90	2.30	1.59	3.89	219.0	3.39	217.6
95	3.37	1.59	4.96	221.6	4.46	220.4

　　合理设定汛前调水调沙排沙阶段的控制水位,既保证主汛期的供水安全,又使得调水调沙浑水阶段多排沙。

　　2007 年以来汛前调水调沙异重流排沙量占小浪底水库排沙量的 53%,为小浪底水库排沙的重要手段。依据历年潼关来水过程,在 80% 供水保证率条件下,2015 年汛前调水调沙异重流排沙阶段的起始水位为 216 m。

三、方案计算

(一)计算边界条件

　　计算河段为小浪底—利津,地形边界由 2013 年汛后实测断面数据生成,出口水位条件采用 2014 年利津水文站设计水位—流量关系曲线。黄河下游床沙级配采用 2013 年汛后各站实测河床质级配资料,各河段日均引水流量见表 4-2。

表 4-2　黄河下游 6 月至 7 月上旬逐旬各河段引水流量及损失量 （单位：m³/s）

河段	6 月上旬	6 月中旬	6 月下旬	7 月上旬	河道损失
小浪底—花园口	15	45	35	20	10
花园口—夹河滩	25	60	60	25	20
夹河滩—高村	55	116	100	20	20
高村—孙口	40	140	90	25	20
孙口—艾山	10	30	40	5	10
艾山—泺口	20	25	50	45	20
泺口—利津	35	20	30	45	20
利津以下	5	5	5	10	10
合计	205	441	410	195	130

(二)设计洪水过程

4 个方案进入下游小浪底水库出库水文站水沙过程见图 4-5～图 4-8。各方案水沙量统计见表 4-3。

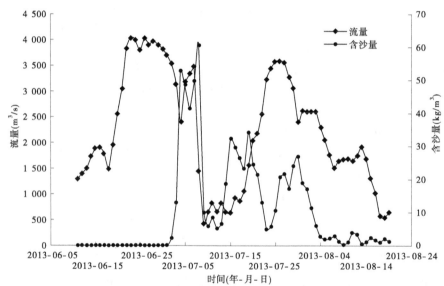

图 4-5　方案 1 进入下游设计水沙过程

表 4-3　不同计算方案小浪底水沙量

方案参数	方案 1	方案 2	方案 3	方案 4
小浪底水量(亿 m³)	134.98	110.43	112.58	110.43
小浪底沙量(亿 t)	1.42	1.42	1.49	1.1
平均含沙量(kg/m³)	10.52	12.86	13.24	9.96
黑石关水量(亿 m³)	4.62			
武陟水量(亿 m³)	5.44			

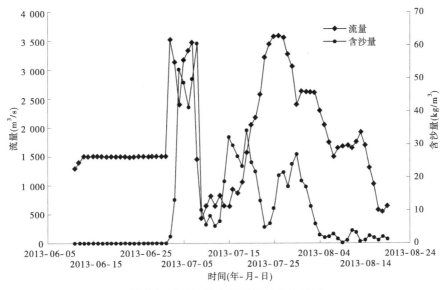

图 4-6 方案 2 进入下游设计水沙过程

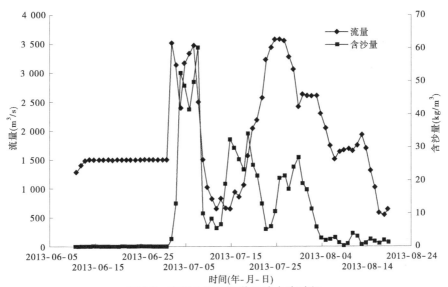

图 4-7 方案 3 进入下游设计水沙过程

设计洪水小浪底水文站、武陟水文站和黑石关水文站水沙过程采用 2013 年汛前调水调沙实际过程,作为方案 1。方案 2 在方案 1 的基础上,将汛前调水调沙大流量过程取消,下泄流量按 1 500 m³/s 控制。方案 3 在方案 2 的基础上将小浪底水库排沙后期 3 d 流量较小过程分别增大 1 000 m³/s,相当于增加后续动力。方案 4 是在方案 2 的基础上,将汛前调水调沙排沙阶段的日平均含沙量减小一半。

(三)各方案计算成果分析

4 个方案的计算成果见表 4-4~表 4-7。比较方案 1 和方案 2,取消汛前调水调沙清水大流量后,清水阶段的冲刷将减小 0.138 亿 t,而艾山—利津河段由冲刷 0.369 亿 t 转为

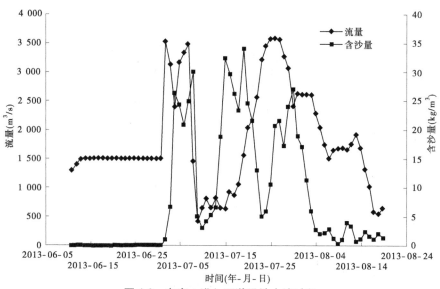

图 4-8 方案 4 进入下游设计水沙过程

淤积 0.031 亿 t。比较方案 3 与方案 2,将排沙 3 d 的流量增大,似乎对减小浑水阶段的淤积作用不大,仅少淤积了 0.064 亿 t。比较方案 4 与方案 2,将汛前调水调沙排沙阶段含沙量降低一半,可以有效减少下游河道的淤积,排沙阶段下游河道的淤积量将由 0.127 9 亿 t 减小为 0.014 5 亿 t,少淤积了 0.113 4 亿 t。

表 4-4 方案 1 不同河段、不同时段冲淤量 (单位:万 t)

河段	时间(月-日)				
	06-11—06-18	06-19—07-03	07-04—07-13	07-14—08-19	06-11—08-19
小浪底—花园口	−214	−461	496	−131	−310
花园口—高村	−153	−278	407	−109	−134
高村—艾山	−158	−638	−113	−669	−1 579
艾山—利津	−50	−369	31	−161	−549
全下游	−575	−1 746	821	−1 070	−2 572

表 4-5 方案 2 不同河段、不同时段冲淤量 (单位:万 t)

河段	时间(月-日)				
	06-11—06-18	06-19—07-03	07-04—07-13	07-14—08-19	06-11—08-19
小浪底—花园口	−195	−224	644	−127	98
花园口—高村	−133	−36	576	−150	257
高村—艾山	−128	−137	−59	−789	−1 113
艾山—利津	−28	31	118	−243	−122
全下游	−484	−366	1 279	−1 309	−880

表 4-6 方案 3 不同河段、不同时段冲淤量 （单位:万 t）

河段	时间(月-日)				
	06-11—06-18	06-19—07-03	07-04—07-13	07-14—08-19	06-11~08-19
小浪底—花园口	−195	−224	652	−124	109
花园口—高村	−133	−36	577	−126	283
高村—艾山	−128	−137	−103	−769	−1 137
艾山—利津	−28	31	89	−236	−143
全下游	−484	−366	1 215	−1 255	−888

表 4-7 方案 4 不同河段、不同时段冲淤量 （单位:万 t）

河段	时间(月-日)				
	06-11—06-18	06-19—07-03	07-04—07-13	07-14—08-19	06-11—08-19
小浪底—花园口	−195	−226	203	−92	−309
花园口—高村	−133	−37	197	−85	−58
高村—艾山	−128	−136	−261	−729	−1 254
艾山—利津	−28	30	6	−215	−207
全下游	−484	−369	145	−1 121	−1 828

可见,取消汛前调水调沙清水大流量过程,汛前调水调沙全过程将由冲刷 0.092 5 亿 t 变为淤积 0.091 3 亿 t,艾山—利津河段也由冲刷 0.033 8 亿 t 转为淤积 0.014 9 亿 t。

第五章 认识与建议

一、主要认识

(1)有必要继续开展汛前调水调沙。

汛前调水调沙对下游河道冲刷作用显著,对艾山—利津河段作用更大。2007—2013年全下游汛前调水调沙清水阶段冲刷量占到全年冲刷量的33%,艾山—利津河段占81%。

汛前调水调沙异重流排沙对小浪底水库减淤作用显著,对下游河道淤积影响不大。汛前调水调沙是小浪底水库全年排沙的重要时段,2007—2013年汛前调水调沙人工塑造异重流排沙量占到全年排沙量的54%。

(2)近期汛前调水调沙可暂时取消第一阶段清水大流量泄放过程,应继续开展人工塑造异重流排沙。

小浪底水库运用以来,随着下游河道的冲刷发展,河床粗化,河道冲刷效率逐步降低。全下游的年平均冲刷效率已经从2004年的6.8 kg/m³降低到2013年的1.7 kg/m³,年平均冲刷效率对年内排沙量有一定影响。汛前调水调沙清水大流量的冲刷效率从2004年的16.8 kg/m³降低到2013年的8.2 kg/m³。

汛前调水调沙后期的人工塑造异重流排沙过程在下游河道发生淤积,淤积集中在花园口以上河段,占全下游的79%,汛前调水调沙第二阶段人工塑造异重流对下游过流能力较小的河段影响不大,应继续开展。

(3)新形势下的汛前调水调沙,应以不带清水大流量过程的以人工塑造异重流为核心的汛前调水调沙模式,与不定期开展带有清水大流量过程的人工塑造异重流的汛前调水调沙相结合。

(4)汛期利用自然洪水塑造有利水沙过程冲刷下游河道;非汛期尽量减少800~1 500 m³/s流量级过程,以减少艾山—利津河段的淤积。

近两年非汛期小浪底水库下泄800~1 500 m³/s(上冲下淤明显的流量级)流量天数显著增加,导致非汛期艾山—利津河段淤积加重(进入下游每1 m³水淤积没有增加,由于该流量级总水量增加较多,总淤积量增加较多)。艾山—利津河段非汛期淤积的0.05 mm以上的粗颗粒泥沙,主要依靠汛前调水调沙第一阶段清水大流量过程冲刷。

二、建议

(1)建议2014年开展以人工塑造异重流排沙为主体的汛前调水调沙试验。在之前调水调沙模式的基础上,取消汛前调水调沙第一阶段的清水大流量过程,保留第二阶段人工塑造异重流排沙过程。

(2)在目前水沙条件和下游河道河床粗化、冲刷效率降低的条件下,不实施汛前调水调沙清水大流量下泄过程,艾山—利津河段将会由冲刷状态转为基本冲淤平衡状态。但是,若不开展汛前调水调沙第一阶段清水大流量过程,粒径大于 0.05 mm 的粗颗粒泥沙在艾山—利津河段发生持续淤积,最终导致该河段全年将由冲淤平衡转为淤积。随着来水来沙条件的变化,下游河道在一定时段内可能发生淤积,最小过流能力可能降低。建议不定期开展带有清水大流量泄放过程的汛前调水调沙,以下游最小过流能力不低于 4 000 m³/s 来控制,当最小过流能力接近 4 000 m³/s 时,开展汛前调水调沙清水大流量过程,流量为接近下游最小平滩流量,水量以河道需要冲刷扩大的量级来控制。

（3）建议汛前调水调沙第二阶段异重流排沙的对接水位为 216 m。合理设定汛前调水调沙排沙阶段的控制水位,既保证主汛期的供水安全,又使得调水调沙浑水阶段多排沙。2007 年以来汛前调水调沙异重流排沙量占小浪底水库排沙量的 53%,为小浪底水库排沙的重要手段。依据历年潼关来水过程,在 80% 供水保证率条件下,2015 年汛前调水调沙异重流排沙阶段的起始水位为 216 m。

参 考 文 献

[1] 侯素珍,林秀芝,等. 利用并优化桃汛洪水冲刷降低潼关高程原型试验研究[J]. 泥沙研究,2008(4):54-57.

[2] 黄河水利科学研究院(黄科技 ZX-2013-15). 2013 年利用并优化桃汛洪水过程冲刷降低潼关高程试验调度预案[R]. 郑州:黄河水利科学研究院,2013.

[3] 侯素珍,王平. 桃汛期潼关高程冲刷条件研究[J]. 人民黄河,2007(3):16-17.

[4] 苏运启,申冠卿,韩巧兰,等. 黄河下游河道排洪能力分析方法及其工程实践[M]. 郑州:黄河水利出版社,2006.

[5] 孙赞盈,路金镶,曲少军. 黄河下游河道大断面平滩流量推算新方法[J]. 人民黄河,2007(2):22-23.

[6] 黄河防汛抗旱总指挥部办公室. 2014 年黄河调水调沙技术总结报告[R]. 2014.

[7] 刘月兰. 黄河下游艾山以上河道调沙特性分析[C]//张红武,姚文艺. 河南省首届泥沙研究讨论会论文集. 郑州:黄河水利出版社,1995.

[8] 胡一三,张红武,刘贵芝,等. 黄河下游游荡性河段河道整治[M]. 郑州:黄河水利出版社,1998.

[9] 孙赞盈,李勇,等,2007 年黄河下游河床演变特点及不同量级流量过程冲淤特性[R]. 郑州:黄河水利科学研究院,2008.